园林绿化工程

项目负责人人才评价培训教材

经济与合同

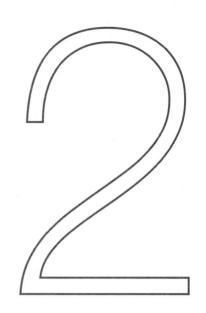

YUANLIN LÜHUA GONGCHENG
XIANGMU FUZEREN RENCAI PINGJIA PEIXUN JIAOCAI
JINGJI YU HETONG

江苏省风景园林协会　编著

中国建筑工业出版社

图书在版编目（CIP）数据

园林绿化工程项目负责人人才评价培训教材．2，经
济与合同／江苏省风景园林协会编著．—北京：中国
建筑工业出版社，2020.12（2022.5 重印）
ISBN 978-7-112-25626-6

Ⅰ.①园…　Ⅱ.①江…　Ⅲ.①园林－绿化－工程管理
－技术培训－教材　Ⅳ.① TU986.3

中国版本图书馆 CIP 数据核字（2020）第 237028 号

序

　　园林绿化是城市有生命的基础设施，在城市生态环境营造、人居环境改善、城乡建设可持续发展中发挥着重要作用。广大园林绿化工作者积极投身城乡建设实践，为我国园林绿化事业发展，为美丽中国建设做出了巨大贡献。近年来，随着我国改革发展的深化，城市园林绿化行业已进入变革与转型期，要求园林绿化工程建设不仅要有量的增长，更要有质的提高，高质量发展离不开高水平人才建设，这对行业人才需求和规范管理也提出了新的要求。

　　2017年，住房和城乡建设部出台了《园林绿化工程建设管理规定》（建城〔2017〕251号），明确要求"园林绿化工程施工实行项目负责人负责制"，项目负责人是园林绿化工程组织管理的关键，实施园林绿化工程项目负责人人才评价工作是落实项目负责人制度、深化园林绿化工程建设市场化改革的重要内容。为推进园林绿化工程项目负责人制度实施，加强园林绿化工程建设管理，中国风景园林学会在全国园林绿化行业统一组织开展园林绿化工程项目负责人人才评价工作，并正式发布团体标准《园林绿化工程项目负责人评价标准》T/CHSLA 5004—2019，为规范评价工作奠定了基础。

　　培训教育是人才评价工作的重要环节，完善项目负责人培训、考试体系，编写一套科学合理的培训教材显得尤其重要。江苏省风景园林协会在项目负责人培训考试试点基础上，组织有关院校、园林企业中有着丰富实践经验的专家、学者，开展考纲编制和相关教材编写工作，形成了《园林绿化工程项目负责人人才评价培训教材》。这套教材内容以《园林绿化工程项目负责人评价标准》T/CHSLA 5004—2019为依据，以考纲为框架，突出园林行业特点，系统地介绍园林绿化工程建设、管理基本原理及其方法，注重园林绿化工程知识及其分析方法在工程实践中的运用。教材条理清晰、重点突出、通俗易懂，实用性强，与项目负责人人才评价考试要求相结合，是项目负责人考试培训学习的重要辅助。教材内容编写顺应行业发展趋势，增加园林绿化行业发展新理念、新技术、新工艺、新材料等知识点，有利于提高项目管理人员知识定位，也为一线园林绿化项目管理人员自学专业知识、提高专业水平提供了参考资料。

　　这套《园林绿化工程项目负责人人才评价培训教材》在总结以往经验基础上，系统地梳理现场施工经验，较为全面地归纳了园林绿化工程项目建设现场管理的相关专业知识，强调实操能力，增加案例教学内容，并用案例说明知识点的应用，让从事园林绿化工程的项目负责人能够快速理解、有效掌握工程项目管理的相关理论、方法、技术和工具以及法律法规和技术标准，以适用园林绿化施工项目进行计划、组织、监管、控制、协调等全过程的管理，确保工程项目的工期、质量、安全与成本按照相关法规、标准和合同约定完成。

希望这套教材能够在园林绿化工程项目负责人人才培训和考试应用中发挥更大作用，促进园林绿化工程施工项目负责人负责制度实施，培养出更多具有相应能力的园林绿化工程项目负责人，也为园林绿化工程其他项目管理人员学习提高专业知识水平给予帮助。针对行业发展的实际情况和企业用人需要，通过科学的人才培养评价体系，调动园林绿化从业者的积极性，激励行业人才脱颖而出，服务园林绿化企业，不断提高园林绿化工程建设水平，促进园林绿化行业健康、可持续、高质量发展。

江苏省风景园林协会理事长
中国风景园林学会副理事长
2020 年 10 月

前　言

住房和城乡建设部于2017年发布《园林绿化工程建设管理规定》（建城〔2017〕251号），明确提出园林绿化工程施工实行项目负责人负责制。项目负责人对工程建设全过程进行管理，全面负责工程建设组织、施工、技术质量指标和经济指标，是园林绿化工程建设的关键技术人才。

为做好园林绿化工程项目负责人培训及评价工作，江苏省风景园林协会组织金陵科技学院、江苏农林职业技术学院、苏州农业职业技术学院、金埔园林股份有限公司、南京市园林经济开发有限责任公司、景古环境建设股份有限公司、南京万荣园林实业有限公司、徐州九州生态园林股份有限公司、江苏山水环境建设集团股份有限公司、苏州园林发展股份有限公司、苏州园科生态建设集团有限公司、苏州金螳螂园林绿化景观有限公司等高校、企业相关专业的专家、学者编写了《园林绿化工程项目负责人人才评价培训教材》（简称《教材》）。《教材》共分《项目管理》《经济与合同》《营造技艺》《综合实务》4册。《教材》根据中国风景园林学会《园林绿化工程项目负责人评价标准》T/CHSLA 5004—2019的基本要求，面向园林绿化工程项目负责人人才培训及一线技术、管理人员继续教育，以服务园林绿化工程项目负责人人才培训与评价、培养高素质项目负责人人才为目标，系统梳理园林绿化工程建设管理知识，总结工程建设现场管理经验，结合工程实践，在广泛征求一线授课教师和企业专家的意见后，依据建设法律、法规、标准规范和工程案例进行编写。

本《教材》以《园林绿化工程项目负责人评价标准》T/CHSLA 5004—2019为依据，系统、全面阐述园林绿化工程建设管理知识。突出园林绿化工程建设特点，凝练园林绿化工程建设核心技术与关键知识点；强调理论与实践相结合，融汇理论与实践知识，增加案例教学；积极引用新标准、新技术、新规范，与时俱进；针对一线施工项目管理人员实际，力求文字简洁，逻辑清晰，实用、可操作，便于自学。

本《教材》设立编写委员会，王翔、强健为主编，刘殿华、纪易凡为副主编，委员名单见编委会。全书编写由陆文祥、薛源负责统筹。

《经济与合同》为《教材》之一，其结合园林绿化工程项目建设的法律、法规，经济合同管理、施工项目成本管理的理论和实践知识进行内容组织，具体包括园林绿化工程项目招标投标、合同管理、造价管理、施工成本管理4个章节。教材编写中强调理论联系实际，突出实践经验。教材凝练园林绿化工程经济以及工程合同核心知识点，结合大量实际案例，阐述园林绿化工程项目管理实际工作内容、要求及方法，帮助读者理解掌握园林绿化工程项目招标投标、合同及成本管理关键技术。

　　《经济与合同》由孙丽娟、夏重立担任主编,孙丽娟完成全书大纲制定及统稿工作并编写第4章。夏重立编写第1章,姚怡甜编写第2章,赵伟编写第3章。纪易凡、薛源等提供工程实践资料并参与编写案例。

　　《经济与合同》编写过程中,得到了金埔园林股份有限公司、南京万荣园林实业有限公司、南京市园林经济开发有限责任公司、景古环境建设股份有限公司、苏州园科生态建设集团有限公司等单位一线专家的大力支持与协助,并提出了许多宝贵意见。引用了国家及地方有关的专业术语和图表规范。谨表示感谢!

　　本教材还得到教育部新农科研究与改革实践项目“长三角地区新建本科院校‘双创’人才培养及其返乡创业路径研究”的资助。在此一并致谢!

　　由于编者水平有限,本书可能还存在不足和错误,恳请广大读者和专家批评指正。

编者

2020 年 10 月

目　　录

第1章 园林绿化工程项目招标投标

1.1 工程招标投标概述

1.1.1 定义

工程招标投标，是以工程设计或施工，或以工程所需的物资、设备、建设材料，以及其他一切与工程有关的标的物为对象，在招标人与投标人之间进行的交易活动，如图1-1所示。

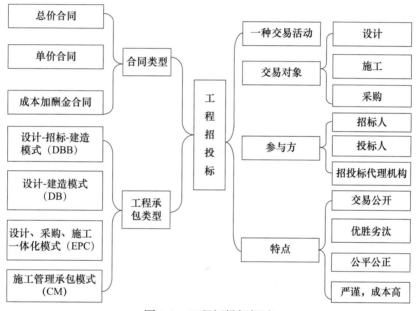

图 1-1 工程招投标概述

这种交易方式通常是由项目采购（包括货物的购买、工程的发包和服务的采购）的采购方作为招标人，通过发布招标公告或者向一定数量的特定供应商、承包商发出招标邀请等方式发出招标采购信息，提出所需采购物资的性质及其数量、质量、技术要求、交货期、竣工期或提供服务的时间，以及对供应商、承包商的资格要求等招标采购条件，表明将选择最能够满足采购的供应商、承包商与之签订采购合同的意向，由各有意提供采购所需货物、工程或服务项目的供应商、承包商作为投标人，向招标人书面提出自己拟提供货物、工程或服务分报价及其响应招标要求的条件，参加竞标。经招标人对投标人及其他条件进行审核比较后，从中择优选定中标者，并与其签订合同。招标投标的宗旨：一是提高经济效益。绝大多数招标项目要求投标人主要在价格方面展开竞争。因此，提高经济效益是招标投标需要实现的首要宗旨；二是提高交易效率。小型的交易活动很少考虑交易的效率，但是在大型的交易活动中，交易效率是必须考虑的，如果不采用招标投标，要提高经济效益，必须有大量的询价或者逐一谈判过程，与招标投标相比，其交易效率显然要低得多。

1.1.2　工程承包模式分析

工程承包是一种商业行为，是市场经济发展到一定程度的产物。在建设工程市场上，作为供应者的企业（即承包人）对作为需求者的建设单位（通称业主，即发包人）作出承诺，负责按对方的要求完成某一工程的全部或其中一部分工作，并按商定的价格取得相应的报酬。在交易过程中，承发包双方之间存在着经济上、法律上的权利义务与责任的各项关系，并依法通过合同予以明确。

承包合同，是发包人和承包人为完成商定的工程建设任务，明确相互权利、义务关系的合同。承包合同是一种双务合同，双方都必须认真按合同规定办事。在订立时也应遵守自愿、公平、诚实、信用等原则。

1.1.2.1　承包合同的类型

按照承包工程计价方式进行划分，承包合同主要可分为以下几种：

（1）总价合同：总价合同又分为固定总价合同和变动总价合同。总价合同是指在合同中确定一个完成项目的总价，承包单位据此完成项目全部内容的合同。这种合同类型能够使建设单位在评标时易于确定报价最低的承包商、易于进行支付计算。但这类合同仅适用于图纸齐备，技术简单，工程量不太大且能精确计算、工期较短、技术不太复杂、风险不大的项目。因而采用这种合同类型要求建设单位必须准备详细且全面的设计图纸（一般要求施工详图）和各项说明，使承包单位能准确计算工程量。变动总价合同与固定总价合同的不同之处在于，它对合同实施中出现的风险作了分解，发包方承担了通货膨胀这一不可预测因素的风险，而承包方只承担了实施中实物工程量、成本和工期等因素变化的风险。

（2）单价合同：单价合同是承包单位在投标时，按招标文件就分部分项工程所列出的工程量表确定各分部分项工程费用的合同类型。主要适用于技术复杂，工期较短，施工图纸不完备，不能准确计算工程量的大型项目。这类合同的适用范围比较宽，其风险可以得到合理的分摊，并且能鼓励承包单位通过提高工效等手段从成本节约中提高利润。这类合同能够成立的关键在于双方对单价和工程量计算方法的确认。在合同履行中需要注意的问题则是双方对实际工程量计量的确认。这类合同通常又可被细分为：

1）计量估价合同，即以工程量表和工程量单价为基础和依据来计算合同价格的合同；

2）纯单价合同，即发包方只向承包方给出发包工程有关分部分项工程以及工程范围，不需对工程量做出任何规定，承包方在投标时只需要对这种给定范围的分部分项工程给出报价即可。

（3）成本加酬金合同：成本加酬金合同，是由业主向承包单位支付工程项目的实际成本，并按事先约定的某一种方式支付酬金的合同类型。在这类合同中，业主需承担项目实际发生的一切费用，因此也就承担了项目的全部风险。而承包单位由于无风险，其报酬往往也较低。这类合同的缺点是业主对工程总造价不易控制，承包商也往往不注意降低项目成本。这类合同主要适用于以下项目：

1）需要立即开展工作项目，如震后救灾工作；

2）新型工程项目，或对项目工程内容及技术经济指标未确定；

3）风险很大的项目：工程特别复杂，工程技术、结构方案不能预先确定，或者尽管可以确定工程技术、结构方案但是不能进行竞争性的招标活动以总价合同形式确定承包商。

1.1.2.2 工程承包模式的类型

1. 设计和施工相分离：DBB 及变异类型（平行发包、施工总包）

DBB 即设计—招标—建造模式（Design-Bid-Build），它是一种在国际上比较通用且应用最早的工程项目发包模式之一。这种模式最突出的特点是强调工程项目的实施必须按照 D-B-B 的顺序进行，只有前一个阶段全部结束后一个阶段才能开始。

（1）DBB 模式（施工总包）（图 1-2）。

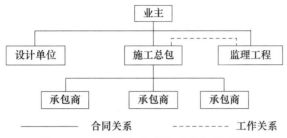

图 1-2　DBB 承包模式施工总包示意图

优点：① 施工合同单一，业主的协调管理工作量小；② 监理工程师代表业主利益对施工过程进行监督和控制，以及监理工程师与承包商作为两个独立实体间的相互检查和制衡，有利于项目质量的保证；③ 业主对项目的实施过程和最终产品的质量具有高度的控制权；④ 业主在项目实施前就可以获得可靠的固定价格。

缺点：① 建设周期长；② 设计与施工互相脱节，设计变更多；③ 对设计深度要求高。要求施工详图设计全部完成，能正确计算工程量和投标报价。

（2）DBB 模式（分项发包）示意图（图 1-3）。

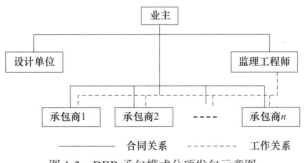

图 1-3　DBB 承包模式分项发包示意图

优点：① 利用竞争机制，降低合同价；② 可以缩短建设周期。

缺点：① 施工合同多，业主的协调管理工作量大；② 设计变更多。

2. 设计和施工相融合：DB 及变异类型（DB、EPC 等）（图 1-4、图 1-5）

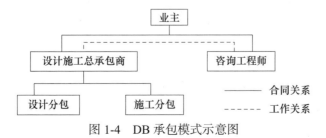

图 1-4　DB 承包模式示意图

图 1-5　EPC 承包模式示意图

（1）DB 即设计—建造模式（Design and Build），在国际上也称交钥匙模式（Turn-Key-Operate）。在我国称设计—施工总承包模式（Design-Construction），是在项目原则确定之后，业主选定一家公司负责项目的设计和施工的模式。DB 避免了设计和施工的矛盾，可显著降低项目的成本和缩短工期。

优点：① 和承包商密切合作，完成项目规划直至验收，减少了协调的时间和费用；② 承包商可在参与初期将其材料、施工方法、结构、价格和市场等知识和经验融入设计中；③ 有利于控制成本，降低造价。国外经验证明：实行 DB 模式，平均可降低造价 10% 左右；④ 有利于进度控制，缩短工期；⑤ 责任单一。从总体来说，建设项目的合同关系是业主和承包商之间的关系，业主的责任是按合同规定的方式付款，总承包商的责任是按时提供业主所需的产品，总承包商对于项目建设的全过程负有全部的责任。

缺点：① 对最终设计和细节控制能力较低；② 总承包商的设计对工程经济性有很大影响，在 DB 模式下承包商承担了更大的风险；③ 质量控制主要取决于业主招标时功能描述书的质量，而且总承包商的水平对设计质量有较大影响；④ 时间较短，缺乏特定的法律、法规约束，没有专门的险种；⑤ 方式操作复杂，竞争性较小。

（2）EPC：工程总承包模式（Engineering Procurement Construction），又称设计、采购、施工一体化模式，是指在项目决策阶段以后，从设计开始，经招标，委托一家工程公司对设计—采购—建造进行总承包。

优点：① 业主把工程的设计、采购、施工和开工服务工作全部托付给工程总承包商负责组织实施，业主只负责整体的、原则的、目标的管理和控制，总承包商更能发挥主观能动性，能运用其先进的管理经验为业主和承包商自身创造更多的效益，提高了工作效率，减少了协调工作量；② 设计变更少，工期较短；③ 由于采用的是总价合同，基本上不用再支付索赔及追加项目费用，项目的最终价格和要求的工期具有更大程度的确定性。

缺点：① 业主不能对工程进行全程控制；② 总承包商对整个项目的成本工期和质量负责，加大了总承包商的风险，总承包商为了降低风险获得更多的利润，可能通过调整设计方案来降低成本，可能会影响长远意义上的质量；③ 由于采用的是总价合同，承包商获得业主变更令及追加费用的弹性很小。

3. 施工管理承包模式（CM）

CM（Construction Management Approach）模式又称"边设计、边施工"方式。分阶段发包方式或快速轨道方式，CM 模式是由业主委托 CM 单位，以一个承包商的身份，采取有条件的"边设计、边施工"，着眼于缩短项目周期，也称快速路径法。CM 分为两大类 CMA 和 CMR（图 1-6），前者施工管理公司与业主签署合同，负责在项目初期为业主提供工程咨询服务。后者是施工管理公司代替总包。

优点：① 在项目进度控制方面，由于 CM 模式采用分散发包，集中管理，使设计与施工充分搭接，有利于缩短建设周期；②CM单位加强与设计方的协调，可以减少因修改设计而造成的工期延误；③在投资控制方面，通过协调设计，CM单位还可以帮助业主采用价值工程等方法向设计提出合理化建议，以挖掘节约投资的潜力，还可以大大减少施工阶段的设计变更；④在质量控制方面，设计与施工的结合和相互协调，在项目上采用新工艺、新方法时，有利于工程施工质量的提高；⑤分包商的选择由业主和承包人共同决定，因而更为明智。

缺点：①对CM经理以及其所在单位的资质和信誉的要求都比较高；②分项招标导致承包费可能较高；③CM模式一般采用"成本加酬金"合同，对合同范本要求比较高。

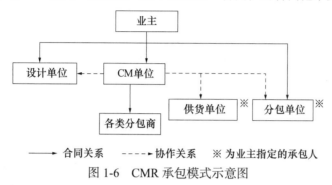

图 1-6　CMR 承包模式示意图

4. PPP 模式（Public Private Partnership）

PPP模式是融合新公共管理理论、民营化理论、委托—代理理论，被用来克服市场失灵和政府失灵的新型合作关系。为公共部门和私营机构提供公共服务，以合同方式确立的，基于风险共担和利益共享的长期合作机制。

PPP模式的应用可以改变政府部门：PPP模式是政府部门管理改革的工具，将市场规则引入公共服务的提供中；PPP模式将导致公共部门的业务重组，方便私营机构的进入以及由私营部门承担更多的融资风险。公共部门所关注的不再是过程，而是所获得的成果；PPP模式将会导致公共服务管理者的"道德重建"；PPP模式使融资风险从公共部门转移给私营部门；合作（Partnership）是公共服务重构的手段；作为一种权力分享安排，PPP模式从根本上改变业务型政府的关系。

PPP模式中最为核心的法律关系：政府部门与私人部门之间的法律关系，被转换到政府部门与项目公司之间的法律关系。PPP合同的主体是政府部门和项目公司，他们之间是承包和发包的关系，其权利义务通过PPP合同得到体现。特许权协议是PPP合同的基础。PPP合同应促使项目的参与方按照现代项目管理原理和方法管理好自己的工作，促进良好的管理。以合作伙伴关系加强各方联系，共同克服大量未预料的困难，获得更高的资金价值，实现多赢的局面。

1.2 《中华人民共和国招标投标法》和《中华人民共和国招标投标法实施条例》

《中华人民共和国招标投标法》简称《招标投标法》（图1-7），《中华人民共和国招标投标法实施条例》简称《实施条例》（图1-8），是开展招标投标活动的基本，法律法规和操作条例。

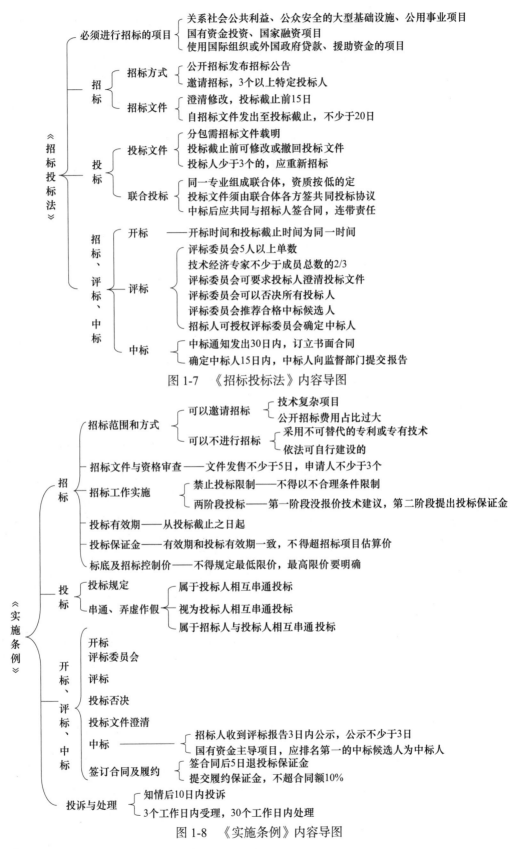

图 1-7　《招标投标法》内容导图

图 1-8　《实施条例》内容导图

1.2.1 《中华人民共和国招标投标法》部分条款

《中华人民共和国招标投标法》于1999年8月30日经第九届全国人大常委会第十一次会议通过，2000年1月1日起施行。

《招标投标法》基本原则："三公"原则，即公开、公平、公正的原则。

1.2.1.1 招标投标活动组织

（1）招标人：依照本法规定提出招标项目、进行招标的法人或者其他组织。

（2）招标方式：公开招标是指招标人以招标公告方式邀请不特定法人或者其他组织投标；邀请招标是指招标人以投标邀请书的方式邀请特定的法人或者其他组织投标。

（3）招标代理机构：依法设立、从事招标代理业务并提供相关服务的社会中介组织。

（4）招标代理机构应当具备下列条件：有从事招标代理业务的营业场所和相应资金，有能够编制招标文件和组织评标的相应专业力量，有符合本法规定条件、可以作为评标委员会成员人选的技术、经济等方面的专家库。

（5）招标公告发布：招标人采用公开招标的应当发布招标公告；必须进行招标的项目的招标公告，应当通过国家指定的报刊、信息网络或者其他媒介发布；应当载明招标人的名称和地址、招标项目的性质、数量、实施地点和时间以及获取招标文件的办法等事项。邀请招标的应当向三个以上具备承担招标项目的能力、资信良好的特定法人或者其他组织发出投标邀请书。

（6）投标人：响应招标、参加投标竞争的法人或者其他组织。应当具备承担招标项目的能力；国家有关规定对投标人资格条件或者招标文件对投标人资格条件有规定的，投标人应当具备规定的资格条件。投标人应当按照招标文件的要求编制投标文件；负责人与主要技术人员的简历、业绩和拟用于完成招标项目的机械设备等。

（7）投标联合体：两个以上法人或者其他组织可以组成一个联合体，以一个投标人的身份共同投标。联合体各方均应当具备承担招标项目的相应能力；由同一专业的单位组成的联合体，按照资质等级较低的单位确定资质等级；联合体各方应当签订共同投标协议，明确约定各方拟承担的工作和责任；各方应将共同投标协议连同投标文件一并提交招标人联合体中标的；联合体各方应当共同与招标人签订合同，就中标项目向招标人承担连带责任；招标人不得强制投标人组成联合体共同投标，不得限制投标人之间的竞争。

（8）投标基本行为规范：投标人不得相互串通投标报价；不得排挤其他投标人的公平竞争；不得损害招标人或者其他投标人的合法权益；投标人不得与招标人串通投标，损害国家利益、社会公共利益或者他人的合法权益；禁止投标人以向招标人或者评标委员会成员行贿的手段谋取中标；投标人不得以低于成本的报价竞标；投标人不得以他人名义投标。

（9）开标：开标应当在招标文件确定的提交投标文件截止时间的同一时间；开标地点应当为招标文件中预先确定的地点；开标由招标人主持，邀请所有投标人参加。

（10）评标：评标由招标人依法组建的评标委员会负责；与投标人有利害关系的人不得进入相关项目的评标委员会，已经进入的应当更换；评标委员会成员的名单在中标结果确定前应当保密；招标人应当采取必要的措施，保证评标在严格保密的情况下进行；任何单位和个人不得非法干预、影响评标的过程和结果。

（11）中标：中标人的投标应当符合条件之一：能够最大限度地满足招标文件中规定的各项综合评价标准；能够满足招标文件的实质性要求；经评审的投标价格最低，但是投标价格低于成本的除外；中标人确定后，招标人应当向中标人发出中标通知书，并同时将中标结果通知所有未中标的投标人。

（12）中标通知书及合同：中标通知书发出后，招标人改变中标结果的，或者中标人放弃中标项目的，应当依法承担法律责任；招标人和中标人应当自中标通知书发出之日起三十日内，按照招标文件和中标人的投标文件订立书面合同；招标人和中标人不得再行订立背离合同实质性内容的其他协议。招标文件要求中标人提交履约保证金的，中标人应当提交；中标人应当按照合同约定履行义务，完成中标项目；中标人不得向他人转让中标项目，也不得将中标项目肢解后分别向他人转让；中标人按照合同约定或者经招标人同意，可以将中标项目的部分非主体、非关键性工作分包给他人完成。

（13）重新招标：评标委员会经评审，认为所有投标都不符合招标文件要求的，可以否决所有投标。依法必须进行招标的项目的所有投标被否决的，招标人应当依照本法重新招标。

1.2.1.2　法律责任

（1）违反行政责任：分为责令改正、警告、罚款、暂停项目执行；或者暂停资金拨付、对主管人员和其他直接责任人员给予行政处分或者纪律处分；没收违法所得，吊销营业执照等。

（2）违反民事责任：中标无效；转让、分包无效；履约保证金不予退还；承担赔偿责任等。

（3）违反刑事责任：主要涉及招标投标活动中严重的违法行为。

1.2.1.3　重要条款与规定简述

（1）总则部分：强制招标的项目（第三条）；不得将依法招标的项目化整为零或者规避招标（第四条）；遵循公开 / 公平 / 公正 / 诚实信用原则（第五条）；招标投标活动及当事人应接受依法实施的监督，依法查处违法行为（第七条）。

（2）招标部分：招标方式为公开和邀请招标（第十条）；招标人可以自行办理招标事宜或自行选择招标代理机构（第十二条）；招标代理机构应具备有关条件（第十三条）；招标公告应在国家指定的报刊 / 信息网络或者其他媒介发布（第十六条）；邀请单位应多于 3 家（第十七条）；招标人不得泄露潜在投标人，标底应保密（第二十二条）；招标人需对招标文件澄清或修改的，应在投标截止日 15 日前作出（第二十三条）；招标文件发出至投标截止日不少于 20 日（第二十四条）。

（3）投标部分：投标人应当具备承担招标项目的能力和资格条件（第二十六条）；投标人少于 3 个，招标人应当重新招标（第二十八条）；投标联合体应以一个投标人的身份共同投标，并以资质等级较低的单位确定资质等级。联合体各方应签订共同投标协议，并将协议连同投标文件一并提交招标人。中标后，联合体各方应当共同与招标人签订合同，就中标项目向招标人承担连带责任（第三十条）；投标人不得以低于成本的报价竞标（第三十三条）。

（4）开标、评标、定标部分：开标应在投标截止时间的同一时间公开进行（第三十四条）；评标委员会成员为 5 人以上单数，其中技术 / 经济专家不得少于 2/3。评标委员会成员名单在中标结果确定前应予保密（第三十七条）；评标委员会应提出书面评标报告，并推荐合格的中标候选人（第四十条）；中标人的投标应符合 2 个条件（第四十一条）；中标通知书对招标人和中标人具有法律效力（第四十五条）。

1.2.2 《中华人民共和国招标投标法实施条例》部分条款

《中华人民共和国招标投标法实施条例》（以下简称《实施条例》）于 2011 年 11 月 30 日国务院第 183 次常务会议通过，自 2012 年 2 月 1 日起施行。该《实施条例》分总则、招标、投标、开标、评标和中标、投诉与处理、法律责任，附则 7 章 84 条。最新修订于 2019 年 3 月 2 日。重要条款摘录如下：

1.2.2.1 《第一章 总则》部分条款

第五条 设区的市级以上地方人民政府可以根据实际需要，建立统一规范的招标投标交易场所，为招标投标活动提供服务。招标投标交易场所不得与行政监督部门存在隶属关系，不得以营利为目的。

国家鼓励利用信息网络进行电子招标投标。

第六条 禁止国家工作人员以任何方式非法干涉招标投标活动。

1.2.2.2 《第二章 招标》部分条款

第七条 按照国家有关规定需要履行项目审批、核准手续的依法必须进行招标的项目，其招标范围、招标方式、招标组织形式应当报项目审批、核准部门审批、核准。项目审批、核准部门应当及时将审批、核准确定的招标范围、招标方式、招标组织形式通报有关行政监督部门。

第八条 国有资金占控股或者主导地位的依法必须进行招标的项目，应当公开招标；但有下列情形之一的，可以邀请招标：

（一）技术复杂、有特殊要求或者受自然环境限制，只有少量潜在投标人可供选择；

（二）采用公开招标方式的费用占项目合同金额的比例过大。

有前款第二项所列情形，由项目审批、核准部门在审批、核准项目时作出认定；其他项目由招标人申请有关行政监督部门作出认定。

第九条 除招标投标法第六十六条规定的可以不进行招标的特殊情况外，有下列情形之一的，可以不进行招标：

（一）需要采用不可替代的专利或者专有技术；

（二）采购人依法能够自行建设、生产或者提供；

（三）已通过招标方式选定的特许经营项目投资人依法能够自行建设、生产或者提供；

（四）需要向原中标人采购工程、货物或者服务，否则将影响施工或者功能配套要求；

（五）国家规定的其他特殊情形。

招标人为适用前款规定弄虚作假，属于招标投标法第四条规定的规避招标。

第十条 招标投标法第十二条第二款规定的招标人具有编制招标文件和组织评标能力，是指招标人具有与招标项目规模和复杂程度相适应的技术、经济等方面的专业人员。

第十五条 公开招标的项目，应当依照招标投标法和本条例的规定发布招标公告、编制招标文件。

招标人采用资格预审办法对潜在投标人进行资格审查的，应当发布资格预审公告、编制资格预审文件。

依法必须进行招标的项目的资格预审公告和招标公告，应当在国务院发展改革部门依法指定的媒介发布。在不同媒介发布的同一招标项目的资格预审公告或者招标公告的内容应当一致。指定媒介发布依法必须进行招标的项目的境内资格预审公告、招标公告，不得收取费用。

编制依法必须进行招标的项目的资格预审文件和招标文件，应当使用国务院发展改革部门会同有关行政监督部门制定的标准文本。

第二十七条　招标人可以自行决定是否编制标底。一个招标项目只能有一个标底。标底必须保密。

接受委托编制标底的中介机构不得参加受托编制标底项目的投标，也不得为该项目的投标人编制投标文件或者提供咨询。

招标人设有最高投标限价的，应当在招标文件中明确最高投标限价或者最高投标限价的计算方法。招标人不得规定最低投标限价。

第二十八条　招标人不得组织单个或者部分潜在投标人踏勘项目现场。

第三十二条　招标人不得以不合理的条件限制、排斥潜在投标人或者投标人。

招标人有下列行为之一的，属于以不合理条件限制、排斥潜在投标人或者投标人：

（一）就同一招标项目向潜在投标人或者投标人提供有差别的项目信息；

（二）设定的资格、技术、商务条件与招标项目的具体特点和实际需要不相适应或者与合同履行无关；

（三）依法必须进行招标的项目以特定行政区域或者特定行业的业绩、奖项作为加分条件或者中标条件；

（四）对潜在投标人或者投标人采取不同的资格审查或者评标标准；

（五）限定或者指定特定的专利、商标、品牌、原产地或者供应商；

（六）依法必须进行招标的项目非法限定潜在投标人或者投标人的所有制形式或者组织形式；

（七）以其他不合理条件限制、排斥潜在投标人或者投标人。

【案例 1-1】

背景：

某建设单位由于建设工程技术复杂且须用专有施工设备，决定自行组织招标，经有关主管部门批准，建设单位决定采用邀请招标，共邀请 A、B、C 三家国有特级施工企业参加投标。

投标邀请书中规定：6 月 1 日~6 月 3 日 9：00~17：00 在工程交易中心出售招标文件。

招标文件中规定：6 月 30 日为投标截止日；投标有效期到 7 月 30 日为止；招标控制价为 4000 万元；投标保证金统一定为 100 万元；评标采用综合评估法，技术标和商务标各占 50%。

在评标过程中，鉴于各投标人的技术方案大同小异，建设单位决定将评标方法改为经评审的最低投标价法。评标委员会根据修改后的评标方法，确定的评标结果排名顺序为 A 公司、C 公司、B 公司。建设单位于 7 月 8 日确定 A 公司中标，于 7 月 15 日向 A 公司发出中标通知书，并于 7 月 18 日与 A 公司签订了合同。在签订合同过程中，经审查，A 公司所选择的设备安装分包单位不符合要求，建设单位遂指定国有一级安装企业 D 公司作为 A 公司的分包单位。建设单位于 7 月 28 日将中标结果通知了 B、C 两家公司，并将投标保证金退还给 B、C 两家公司。建设单位于 7 月 31 日向当地招标投标管理部门提交了该工程招标投标情况的书面报告。

问题：

（1）招标人自行组织招标需具备什么条件？要注意什么问题？

（2）对于必须招标的项目，在哪些情况下经有关主管部门批准可以采用邀请招标？

（3）该建设单位在招标工作中有哪些不妥之处？请逐一说明理由。

分析要点：

本案例主要考核招标人自行组织招标的条件、必须招标的项目可以进行邀请招标的情形以及招标投标过程中若干时限规定和有关问题。

其中，特别需要注意的是开标时间、定标时间、投标有效期三者之间的关系。开标应当在招标文件确定的提交投标文件截止时间的同一时间公开进行，这一点是毫无疑问的，但何时定标、投标有效期到何时截止，有关法规并无直接规定。《工程建设项目施工招标投标办法》规定："招标文件应当规定一个适当的投标有效期，以保证招标人有足够的时间完成评标和与中标人签订合同。投标有效期从投标人提交投标文件截止之日（即开标日）起计算（第二十九条），"评标委员会提出书面评标报告后，招标人一般应当在15日内确定中标人，但最迟应当在投标有效期结束日30个工作日前确定（第五十六条）。"因此，根据以上规定可以推论：即使开标当天能够定标，投标有效期也应当至少为42天（30个工作日相当于6周时间）。在实际工作中，不少招标人（包括招标代理机构）都未注意到这一点。本案例中规定的投标有效期显然不能满足这一要求。

投标有效期可以理解为招标人对投标人发出的要约作出承诺的期限，也可以理解为投标人对自己发出的投标文件承担法律责任的期限。投标有效期一方面起到了约束投标人在投标有效期内不能随意更改和撤回投标文件的作用；另一方面也促使招标人加快评标、定标和签约过程，从而保证不至于由于招标人无限期拖延相关工作而增加投标人的风险。

另外，关于投标保证金数额需要注意的是《工程建设项目施工招标投标办法》（属于部门规章）规定，投标保证金一般不得超过投标总价的2%，但最高不得超过80万元人民币；但《实施条例》（属于行政法规）则规定，投标保证金不得超过招标项目估算价（注意：不是投标总价）的2%，并未规定80万元的限额。由于行政法规的法律效力高于部门规章，因此，本题的答案是按照《实施条例》的规定设置。实践中，投资额较大的外资项目、国际金融机构贷款项目的投标保证金均不受80万元绝对数额的限制，这表明，《实施条例》的规定更符合国际惯例。

答案：

问题1：

答：招标人具有编制招标文件和组织评标能力的，可以自行办理招标事宜。依法必须进行招标的项目，招标人自行办理招标事宜的，应当向有关行政监督部门备案。

问题2：

答：《实施条例》规定，国有资金占控股地位或者主导地位的依法必须进行招标的项目，应当公开招标；但有下列情形之一的，可以邀请招标：① 技术复杂、有特殊要求或者受自然环境限制，只有少量潜在投标人可供选择；② 采用公开招标方式的费用占项目合同金额的比例过大。

《工程建设项目施工招标投标办法》进一步规定，对于必须招标的项目，有下列情形之一的，经批准可以进行邀请招标：① 项目技术复杂或有特殊要求，只有少数几家潜在投标人可供选择的；② 受自然地域环境限制的；③ 涉及国家安全、国家秘密或抢险救灾，适宜招标但不宜公开招标的；④ 拟公开招标的费用与项目的价值相比，不值得的；⑤ 法律、法规规定不宜公开招标的。

问题3：

答：该建设单位在招标工作中有下列不妥之处：① 停止出售招标文件的时间不妥，因为自招标文件出售之日起至停止出售之日止，最短不得少于 5 日；② 规定的投标有效期截止时间不妥，因为评标委员会提出书面评标报告后，招标人最迟应当在投标有效期结束日 30 个工作日（而不是日历日）前确定中标人。确定投标有效期应考虑评标、定标和签订合同所需的时间，一般项目的投标有效期宜为 60～90 天；③ "投标保证金统一定为 100 万元"不妥，因为投标保证金一般不得超过招标项目估算价（本题中即为招标控制价 4000 万元）的 2%；④ "在评标过程中，建设单位决定将评标方法改为经评审的最低投标价法"不妥，因为评标委员会应当按照招标文件确定的评标标准和方法进行评标；⑤ "评标委员会根据修改后的评标方法，确定评标结果的排名顺序"不妥，因为评标委员会应当按照招标文件确定的评标标准和方法（即综合评估法）进行评标；⑥ "建设单位指定 D 公司作为 A 公司的分包单位"不妥，因为招标人不得直接指定分包人；⑦ "建设单位于 7 月 28 日将中标结果通知 B、C 两家公司（未中标人）"不妥，因为中标人确定后，招标人应当在向中标人发出中标通知的同时将中标结果通知所有未中标的投标人；⑧ "建设单位于 7 月 28 日将投标保证金退还给 B、C 两家公司"不妥，因为招标人与中标人签订合同后 5 个工作日内，应当向未中标的投标人退还投标保证金；⑨ "建设单位于 7 月 31 日向当地招标投标管理部门提交该工程招标投标情况的书面报告"不妥，因为招标人应当自确定中标人之日起 15 日内，向有关行政监督部门提交招标投标情况的书面报告。

1.2.2.3 《第三章　投标》部分条款

第三十三条　投标人参加依法必须进行招标的项目的投标，不受地区或者部门的限制，任何单位和个人不得非法干涉。

第三十九条　禁止投标人相互串通投标。

有下列情形之一的，属于投标人相互串通投标：

（一）投标人之间协商投标报价等投标文件的实质性内容；

（二）投标人之间约定中标人；

（三）投标人之间约定部分投标人放弃投标或者中标；

（四）属于同一集团、协会、商会等组织成员的投标人按照该组织要求协同投标；

（五）投标人之间为谋取中标或者排斥特定投标人而采取的其他联合行动。

第四十条　有下列情形之一的，视为投标人相互串通投标：

（一）不同投标人的投标文件由同一单位或者个人编制；

（二）不同投标人委托同一单位或者个人办理投标事宜；

（三）不同投标人的投标文件载明的项目管理成员为同一人；

（四）不同投标人的投标文件异常一致或者投标报价呈规律性差异；

（五）不同投标人的投标文件相互混装；

（六）不同投标人的投标保证金从同一单位或者个人的账户转出。

第四十一条　禁止招标人与投标人串通投标。

有下列情形之一的，属于招标人与投标人串通投标：

（一）招标人在开标前开启投标文件并将有关信息泄露给其他投标人；

（二）招标人直接或者间接向投标人泄露标底、评标委员会成员等信息；

（三）招标人明示或者暗示投标人压低或者抬高投标报价；

（四）招标人授意投标人撤换、修改投标文件；

（五）招标人明示或者暗示投标人为特定投标人中标提供方便；

（六）招标人与投标人为谋求特定投标人中标而采取的其他串通行为。

第四十二条 使用通过受让或者租借等方式获取的资格、资质证书投标的，属于招标投标法第三十三条规定的以他人名义投标。

投标人有下列情形之一的，属于招标投标法第三十三条规定的以其他方式弄虚作假的行为：

（一）使用伪造、变造的许可证件；

（二）提供虚假的财务状况或者业绩；

（三）提供虚假的项目负责人或者主要技术人员简历、劳动关系证明；

（四）提供虚假的信用状况；

（五）其他弄虚作假的行为。

第四十三条 提交资格预审申请文件的申请人应当遵守招标投标法和本条例有关投标人的规定。

1.2.2.4 《第四章 开标、评标和中标》部分条款

第四十四条 招标人应当按照招标文件规定的时间、地点开标。

投标人少于3个的，不得开标；招标人应当重新招标。

投标人对开标有异议的，应当在开标现场提出，招标人应当当场作出答复，并制作记录。

第四十五条 国家实行统一的评标专家专业分类标准和管理办法。具体标准和办法由国务院发展改革部门会同国务院有关部门制定。

省级人民政府和国务院有关部门应当组建综合评标专家库。

第四十六条 除招标投标法第三十七条第三款规定的特殊招标项目外，依法必须进行招标的项目，其评标委员会的专家成员应当从评标专家库内相关专业的专家名单中以随机抽取方式确定。任何单位和个人不得以明示、暗示等任何方式指定或者变相指定参加评标委员会的专家成员。

依法必须进行招标的项目的招标人非因招标投标法和本条例规定的事由，不得更换依法确定的评标委员会成员。更换评标委员会的专家成员应当依照前款规定进行。评标委员会成员与投标人有利害关系的，应当主动回避。有关行政监督部门应当按照规定的职责分工，对评标委员会成员的确定方式、评标专家的抽取和评标活动进行监督。行政监督部门的工作人员不得担任本部门负责监督项目的评标委员会成员。

第四十七条 招标投标法第三十七条第三款所称特殊招标项目，是指技术复杂、专业性强或者国家有特殊要求，采取随机抽取方式确定的专家难以保证胜任评标工作的项目。

第四十八条 招标人应当向评标委员会提供评标所必需的信息，但不得明示或者暗示其倾向或者排斥特定投标人。

招标人应当根据项目规模和技术复杂程度等因素合理确定评标时间。超过三分之一的评标委员会成员认为评标时间不够的，招标人应当适当延长。

评标过程中，评标委员会成员有回避事由、擅离职守或者因健康等原因不能继续评标的，应当及时更换。被更换的评标委员会成员作出的评审结论无效，由更换后的评标委员会成员重新进行评审。

第四十九条 评标委员会成员应当依照招标投标法和本条例的规定，按照招标文件规定的评标标准和方法，客观、公正地对投标文件提出评审意见。招标文件没有规定的评标标准和方法不得作为评标的依据。

评标委员会成员不得私下接触投标人，不得收受投标人给予的财物或者其他好处，不得

向招标人征询确定中标人的意向，不得接受任何单位或者个人明示或者暗示提出的倾向或者排斥特定投标人的要求，不得有其他不客观、不公正履行职务的行为。

第五十条　招标项目设有标底的，招标人应当在开标时公布。标底只能作为评标的参考，不得以投标报价是否接近标底作为中标条件，也不得以投标报价超过标底上下浮动范围作为否决投标的条件。

第五十一条　有下列情形之一的，评标委员会应当否决其投标：

（一）投标文件未经投标单位盖章和单位负责人签字；

（二）投标联合体没有提交共同投标协议；

（三）投标人不符合国家或者招标文件规定的资格条件；

（四）同一投标人提交两个以上不同的投标文件或者投标报价，但招标文件要求提交备选投标的除外；

（五）投标报价低于成本或者高于招标文件设定的最高投标限价；

（六）投标文件没有对招标文件的实质性要求和条件作出响应；

（七）投标人有串通投标、弄虚作假、行贿等违法行为。

第五十二条　投标文件中有含义不明确的内容、明显文字或者计算错误，评标委员会认为需要投标人作出必要澄清、说明的，应当书面通知该投标人。投标人的澄清、说明应当采用书面形式，并不得超出投标文件的范围或者改变投标文件的实质性内容。

评标委员会不得暗示或者诱导投标人作出澄清、说明，不得接受投标人主动提出的澄清、说明。

第五十三条　评标完成后，评标委员会应当向招标人提交书面评标报告和中标候选人名单。中标候选人应当不超过3个，并标明排序。

评标报告应当由评标委员会全体成员签字。对评标结果有不同意见的评标委员会成员应当以书面形式说明其不同意见和理由，评标报告应当注明该不同意见。评标委员会成员拒绝在评标报告上签字又不书面说明其不同意见和理由的，视为同意评标结果。

第五十四条　依法必须进行招标的项目，招标人应当自收到评标报告之日起3日内公示中标候选人，公示期不得少于3日。

投标人或者其他利害关系人对依法必须进行招标的项目的评标结果有异议的，应当在中标候选人公示期间提出。招标人应当自收到异议之日起3日内作出答复；作出答复前，应当暂停招标投标活动。

第五十五条　国有资金占控股或者主导地位的依法必须进行招标的项目，招标人应当确定排名第一的中标候选人为中标人。排名第一的中标候选人放弃中标、因不可抗力不能履行合同、不按照招标文件要求提交履约保证金，或者被查实存在影响中标结果的违法行为等情形，不符合中标条件的，招标人可以按照评标委员会提出的中标候选人名单排序依次确定其他中标候选人为中标人，也可以重新招标。

第五十六条　中标候选人的经营、财务状况发生较大变化或者存在违法行为，招标人认为可能影响其履约能力的，应当在发出中标通知书前由原评标委员会按照招标文件规定的标准和方法审查确认。

第五十七条　招标人和中标人应当依照招标投标法和本条例的规定签订书面合同，合同的标的、价款、质量、履行期限等主要条款应当与招标文件和中标人的投标文件的内容一致。招标人和中标人不得再行订立背离合同实质性内容的其他协议。

招标人最迟应当在书面合同签订后 5 日内向中标人和未中标的投标人退还投标保证金及银行同期存款利息。

第五十八条 招标文件要求中标人提交履约保证金的，中标人应当按照招标文件的要求提交。履约保证金不得超过中标合同金额的 10%。

第五十九条 中标人应当按照合同约定履行义务，完成中标项目。中标人不得向他人转让中标项目，也不得将中标项目肢解后分别向他人转让。中标人按照合同约定或者经招标人同意，可以将中标项目的部分非主体、非关键性工作分包给他人完成。接受分包的人应当具备相应的资格条件，并不得再次分包。

中标人应当就分包项目向招标人负责，接受分包的人就分包项目承担连带责任。

【案例 1-2】

背景：

某国有资金投资建设工程项目，招标人委托某具有相应招标代理和造价咨询资质的招标代理机构编制该项目的招标控制价，并采用公开招标方式进行项目施工招标。招标过程中发生如下事件：

事件 1：为了加大竞争，以减少可能的围标而导致的竞争不足，招标人要求招标代理人对已根据计价规范、建设行政主管部门颁发的计价定额、工程量清单、工程造价管理机构发布的造价信息或市场造价信息等资料编制好的招标控制价再下浮 10%，并仅公布了招标控制价总价。

事件 2：招标人要求招标代理人在编制招标文件中的合同条款时不得有针对市场价格波动的调价条款，以便减少未来施工过程中的变更，控制工程造价。

事件 3：应潜在投标人的请求，招标代理人组织最具竞争力的一个潜在投标人踏勘项目现场，并在现场口头解答了该潜在投标人提出的疑问。

事件 4：评标结束后，评标委员会向招标人提交了书面评标报告和中标候选人名单。评标委员会成员张某对评标结果持有异议，拒绝在评标报告上签字，但又不提出书面意见。

事件 5：为了尽快推动项目进展，招标人在收到评标委员会递交的评标报告后，当天即向排名第一的中标候选人发出了中标通知书。

问题：

（1）指出事件 1 中招标人行为的不妥之处，并说明理由。

（2）指出事件 2 中招标人行为的不妥之处，并说明理由。

（3）指出事件 3 中招标人行为的不妥之处，并说明理由。

（4）针对事件 4，评标委员会成员张某的做法是否妥当？为什么？

（5）指出事件 5 中招标人行为的不妥之处，并说明理由。

分析要点：

本案例主要考核国有资金投资建设项目施工招标过程中一些典型事件的处理，涉及招标控制价的编制和公布、合同调价条款的设置、现场踏勘的组织、评标委员会成员对评标结果有异议和中标通知书的发放等内容。

招标控制价是招标人在工程招标时能接受投标人报价最高限价。由于实践中存在招标人为了压低中标价格而任意压低招标控制价的现象，因此我国《建设工程工程量清单计价规范》GB 50500—2013 明确规定：招标控制价按照规范规定编制，不应上调或下浮。招标人应在发布招标文件时公布招标控制价，同时应将招标控制价及有关资料报送工程所在地（或有该工程管辖权的行业管理部门）工程造价管理机构备查。投标人经复核认为招标人公布招标控制价未按照清单计价规范的规定进行编制，应当在招标控制价公布后 5 日内向招投标监督机构和工程造价管理机构投诉。工程造价管理机构受理投诉后，应立即对招标控制价进行复查，组织投诉人、被投诉人或其委托的招标控制价编制人等单位人员对投诉问题逐一核对。当招标控制价复查结论与原公布的招标控制价误差不小于 ±3% 的，应当责令招标人改正。

合同条款是招标文件的重要组成部分，关于价格调整条款又是合同文件中最主要条款之一。合同条款中应有针对市场价格波动的条款，以合理分摊市场价格波动的风险，促进合同的顺利实施。实践中一些业主利用自身"优势地位"盲目要求承包商承担所有市场价格波动风险，这既有违合同精神，又不利于合同顺利实施和建设工程质量保障。

2012 年 2 月 1 日起施行的《实施条例》规定，依法必须进行招标项目，招标人应当自收到评标报告之日起的 3 日内公示中标候选人，公示期不得少于 3 日，公示期满，且没有投标人或其他利害关系人对投标结果提出异议的，招标人方可向排名第一的中标候选人发出中标通知书。

答案：

问题 1：

答："招标人要求控制价下浮 10%"不妥，根据《建设工程工程量清单计价规范》GB 50500—2013 的有关规定，招标人应在发布招标文件时公布招标控制价，招标控制价按照规范规定编制，不应上调或下浮。

"仅公布招标控制价总价"不妥，招标人在招标文件中公布招标控制价时，应公布招标控制价各组成部分的详细内容，不得只公布招标控制价总价。

问题 2：

答："招标人要求合同条款中不得有针对市场价格波动的调价条款"不妥，合同条款中应有针对市场价格波动的条款，以合理分摊市场价格波动的风险；合同中没有约定或约定不明确，若发承包双方在合同履行中发生争议由双方协商确定；协商不能达成一致的，按《建设工程工程量清单计价规范》GB 50500—2013 的规定执行，即材料、工程设备单价变化超过 5%，超过部分的价格应按照价格指数调整法或造价信息差额调整法计算调整材料、工程设备费。

问题 3：

答："招标人组织一个潜在投标人踏勘现场"不妥，根据《工程建设项目施工招投标办法》的有关规定，招标人不得单独或分别组织任何一个投标人进行现场踏勘。

"招标人在现场口头解答投标人提出的疑问"不妥，招标人应以书面形式或召开投标预备会方式向所有购买招标文件的潜在投标人解答提出的问题。

问题 4：

答：评标委员会成员张某的做法不妥。因为评标报告应当由评标委员会全体成员签字；对评标结果有不同意见的评标委员会成员应当以书面形式说明其不同意见和理由，评标报告应当注明该不同意见；评标委员会成员拒绝在评标报告上签字又不书面说明其不同意见和理由的，视为同意评标结果。

问题 5：

答："招标人在收到评标委员会递交的评标报告后，当天即向排名第一的中标候选人发出了中标通知书"不妥，因为《实施条例》规定，依法必须进行招标的项目，招标人应当自收到评标报告之日起 3 日内公示中标候选人，公示期不得少于 3 日。公示期满，且没有投标人或其他利害关系人对投标结果提出异议的，招标人方可向排名第一的中标候选人发出中标通知书。

1.2.2.5 《第六章 法律责任》部分条款

第七十六条 中标人将中标项目转让给他人的，将中标项目肢解后分别转让给他人的，违反招标投标法和本条例规定将中标项目的部分主体、关键性工作分包给他人的，或者分包人再次分包的，转让、分包无效，处转让、分包项目金额5‰以上10‰以下的罚款；有违法所得的，并处没收违法所得；可以责令停业整顿；情节严重的，由工商行政管理机关吊销营业执照。

1.3 园林绿化工程招标

园林绿化工程招投标活动开展于《中华人民共和国招标投标法》颁布以后，随着 2003 年实行建设工程工程量清单计价不断深化，园林绿化工程的招投标管理工作也逐渐完善。园林施工工程招标工作分三个阶段：招标准备阶段、招标投标阶段和决标成交阶段。整个招标流程如图 1-9 所示。

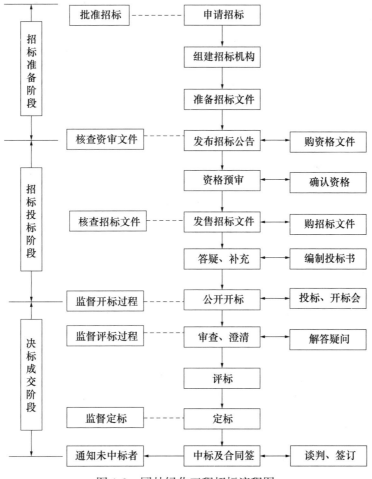

图 1-9 园林绿化工程招标流程图

注：实线表示招标工作程序；虚线表示监督管理的关键环节。

1.3.1　招标准备阶段

1.3.1.1　招标申请

首先应向项目审批部分进行项目报建，包括招标人资质审查、落实招标基本条件，然后向招投标监督部门提出招标申请，包括校准招标范围、条件及组织形式。

1.3.1.2　组建招标机构

根据原中华人民共和国国家发展计划委员会发布，自 2013 年 5 月 1 日起施行《工程建设项目自行招标试行办法》。招标人应当具有编制招标文件和组织评标的能力，具体包括：具有项目法人资格（或者法人资格）；具有与招标项目规模和复杂程度相适应的工程技术、概预算、财务和工程管理等方面专业技术力量；有从事同类工程建设项目招标的经验；拥有 3 名以上取得招标职业资格的专职招标业务人员；熟悉和掌握招标投标法及有关法规规章。

1.3.1.3　编制招标文件

1. 编制招标书及资格预审文件

招标书是由招标人（或其委托的咨询机构）编制，由招标人发布，用于指导工程投标和评标的技术经济文件。2007 年 11 月 1 日，国家发展和改革委员会会同财政部、住房和城乡建设部、铁道部、交通部、信息产业部、水利部、中国民用航空局、国家广播电视总局发布了《标准施工招标文件》，并在此基础上陆续发布了《简明标准施工招标文件（2012 年版）》《标准设计施工总承包招标文件（2012 年版）》，相关行业主管部门也陆续发布了本行业的标准施工招标文件。如《上海市园林绿化建设工程施工招标文件示范文本（2019 年版-01）》《江苏省房屋建筑和市政基础设施工程施工招标文件示范文本（2017 年版）》。

招标书的主要内容：工程综合说明，必备的设计图纸和技术资料，工程量清单，银行出具的建设资金证明和工程款的支付方式和预付款的百分比，主要材料与设备的供应方式，特殊工程的施工要求及技术规范，投标书的编制要求及评定标的原则，投标／开标／评标／定标的日程安排，《建设工程施工合同条件》及调整要求，要求缴纳的投标保证金，其他需要说明的事项。

资格预审文件一般包括资格预审须知和资格预审表。资格预审评定内容：资质条件、人员能力、设备和技术能力、财务状况、工程经验、企业信誉等。

2. 编制工程量清单

3. 编制标底和招标控制价

标底是招标单位掌握客观、公正的反映建设工程的预期价格的造价文件，根据施工图和地方计价文件编制。

招标控制价，也称为拦标价、预算控制价或最高报价值。是招标人根据国家或省级、行业建设主管部门颁发的有关计价依据和办法，按设计施工图纸计算的，对招标工程限定的最高工程造价。其编制内容包括：分部分项工程费、措施项目费、其他项目费、规费、税金。

1.3.2　招标投标阶段

1.3.2.1　发布招标公告及资格预审文件

1. 招标公告

国家发展和改革委员会《招标公告和公示信息发布管理办法》（〔2017〕第 10 号令），国家发展和改革委员会办公厅《关于做好〈招标公告和公示信息发布管理办法〉贯彻实施工作的通知》（发改办法规〔2017〕2012号），《省政府办公厅关于"互联网＋"招标采购行动方案（2017—2019年）的实施意见》（苏政办发〔2017〕106号）等文件对招标公告规范要求。

依法必须招标项目的资格预审公告和招标公告，应当载明以下内容：招标项目名称、内容、范围、规模、资金来源；投标资格能力要求，以及是否接受联合体投标；获取资格预审文件或招标文件的时间、方式；资格审查条件、标准和方法以及评标的标准和方法。递交资格预审文件或投标文件的截止时间、方式；招标人及其招标代理机构的名称、地址、联系人及联系方式；采用电子招标投标方式的，潜在投标人访问电子招标投标交易平台的网址和方法；其他依法应当载明的内容。

例如：江苏省招标公告和公示信息的唯一法定发布媒介为"江苏省招标投标公共服务平台"（以下简称发布媒介），网址：www.jszbtb.com。该省依法必须招标项目的招标公告和公示信息的初次发布应当在该平台进行，并据此计算起始时间。

2. 资格预审

目的为保证投标人资质和能力能满足招标项目要求；减少评标工作量。确定资格预审合格的条件：投标人必须满足一般资格条件（营业执照/诚信信誉度/财务状况流动资金/分包计划/履约情况）和强制性条件（加权打分量化审查）；评定分数必须在预先确定的最低分数线以上；合格标准（限制合格者数量和不限制合格者数量）。

1.3.2.2 招标文件发售

招标文件一般发售给通过资格预审、获得投标资格的投标人。招标文件的价格一般等于编制、印刷这些招标文件的成本，招标文件中的其他费用（如发布招标公告等）不应打入该成本。招标文件中规定的各项技术标准均不得要求或标明某一特定的专利、商标、名称、设计、原产地或生产供应者，不得含有倾向或者排斥潜在投标人的其他内容。

自招标文件开始发出之日起至投标人提交投标文件截止之日止，最短不得少于20日。招标控制价也应在招标时一并公布。

1.3.2.3 答疑及现场勘踏

投标人对招标文件有疑问，应在规定的时间前以书面形式要求招标人对招标文件予以澄清。招标文件的澄清将在规定的投标截止时间15日前以书面形式发给所有购买招标文件的投标人，但不指明澄清问题的来源。如果澄清发出的时间距投标截止时间不足15日，相应延长投标截止时间。招标人对已发出的招标文件进行必要的修改，应当在投标截止时间15日前。招标人可以书面形式修改招标文件，并通知所有已购买招标文件的投标人。如果修改招标文件的时间距投标截止时间不足15日，相应延长投标截止时间。

1.3.2.4 投标和开标

开标是招标人在投标截止后，按招标文件规定的时间、地点，在投标人法定代表人或授权代理人在场的情况下举行开标会议，开启投标人提交的投标文件，公开宣读投标人的名称、投标报价及投标文件中的主要内容的过程。在开标会议上，下列情况应宣布投标书为废标：投标书未按招标文件规定封记；逾期送达的标书；未加盖法人或委托授权人印鉴的标书；未按招标文件的内容和要求编写、内容不全或字迹无法辨认的标书；投标人不参加开标会议的标书。

1.3.3　评标定标阶段

1.3.3.1　评标委员会

评标委员会的组成。评标委员会由招标人代表和技术、经济等方面的专家组成。成员数为五人以上的单数，其中招标人或招标代理机构以外的技术、经济等方面的专家不得少于成员总数的三分之二。专家成员名单从专家库中随机抽取确定。与投标人有利害关系的专家不得进入相关工程的评标委员会。评标委员会的名单一般在开标前确定，定标前应当保密。

1.3.3.2　评标办法

1. 评标程序

（1）初步评审：

1）符合性评审：投标文件的有效性，投标书的完整性，投标书与招标文件的一致性，报价计算的正确性。

2）技术性评审：技术方案可行性评估，关键工序评估，劳务、材料、机械设备、质量控制措施评估，对施工现场周围环境污染的保护措施评估。

3）商务性评审：投标报价校核，审查全部报价数据计算的正确性；分析报价构成的合理性，并与标底价格进行对比分析；对建议方案的商务评估（如果有的话）。

4）投标文件的澄清和说明：评标委员会可以要求投标人对投标文件中含意不明确的内容作必要的澄清或者说明，但是澄清或者说明不得超出投标文件的范围或者改变投标文件的实质性内容。澄清和说明应以书面方式进行。

5）废标的处理：弄虚作假。报价低于其个别成本。投标人不具备资格条件或者投标文件不符合形式要求。未能在实质上响应的投标。

（2）详细评审：经初步评审合格的投标文件，评标委员会应根据招标文件确定的评标标准和方法，对其技术部分和商务部分进一步评审、比较。设有标底的招标项目，评标时应参考标底。实施招标控制价的项目，投标人的投标报价高于招标控制价的，其投标予以拒绝。评标只对有效投标进行评审。评标委员会完成评标后应向招标人提出书面评标报告，并推荐合格的中标候选人。

2. 评标办法

根据《江苏省房屋建筑和市政基础设施工程施工招标评标入围、报价评审和预选招标规则》，评标采取分阶段分步骤进行。第一步评标入围：方法有全部入围、低价排序、均值入围、抽签入围、合成入围五种。第二步投标报价评审：采用经评审的最低投标报价法的，以合理最低价作为评标基准价；通过计算合理最低价作为判定投标报价是否低于成本的依据，具体要求应在招标文件明确。采用综合评估法，合理低价法时，报价评审先多种方法确定评标基准价，然后采取评分高低确定投标人的排序。

3. 投标偏差

投标偏差分为重大偏差和细微偏差。

（1）重大偏差：指投标文件在实质上没有全部或部分响应招标文件的要求，或全部或部分不符合招标文件中的指标或数据。凡投标文件有重大偏差的，按废标处理。

（2）细微偏差：指投标文件在实质上响应招标文件要求，但在个别地方存在漏项或提供了不完整的技术信息和数据等情况，且补正这些遗漏或者不完整不会对其他投标人造成不公平的结果。细微偏差不影响投标文件的有效性。

1.3.3.3　定标

中标人的确定：招标人根据评标委员会提出的书面报告和推荐的中标候选人确定中标人，招标人也可以授权评标委员会直接确定中标人。确定中标人前，招标人不得与投标人就投标价格、投标方案等实质性内容进行谈判。

（1）定标程序：招标人应根据评标报告和推荐的中标候选人确定中标人，也可授权评标委员会直接确定中标人。中标人确定后，招标人向中标人发出中标通知书，同时将中标结果通知所有未中标的投标人，并退还投标保证金或保函。中标通知书发出后30日内，双方应订立书面合同。

（2）定标原则：能够最大限度地满足招标文件中规定的各项综合评价指标；能够满足招标文件的实质性要求，并且经评审的投标价格最低；但是投标价格低于成本的除外。

（3）评标期限和延长投标有效期的处理：评标和定标应当在投标有效期结束日30个工作日前完成。不能在投标有效期结束日30个工作日前完成评标和定标的，招标人应当通知所有投标人延长投标有效期。拒绝延长投标有效期的投标人有权收回投标保证金。同意延长投标有效期的投标人应当相应延长其投标担保的有效期，但不得修改投标文件的实质性内容。

1.3.3.4　中标合同签订

依法必须招标项目的中标候选人公示应当载明以下内容：中标候选人排序、名称、投标报价、质量、工期（交货期），以及评标情况；中标候选人按照招标文件要求承诺的项目负责人姓名及其相关证书名称和编号；中标候选人响应招标文件要求的资格能力条件；提出异议的渠道和方式；招标文件规定公示的其他内容。

中标人收到中标通知书后，按规定提交履约担保，并在规定日期、时间和地点与招标人进行合同签订。

招标人与中标人在中标通知书发出之日起30日内签订合同，不得做实质性修改。

招标文件要求中标人提交履约保证金的，中标人应当按照招标文件的要求提交。

中标单位拒绝在规定的时间内提交履约担保和签订合同，招标单位报请招标管理机构批准同意后取消其中标资格，并按规定没收其投标保证金，并考虑与另一参加投标的投标单位签订合同。

建设单位如拒绝与中标单位签订合同除双倍返还投标保证金外，还需赔偿有关损失。

建设单位与中标单位签订合同后，招标单位及时通知其他投标单位其投标未被接受，按要求退回招标文件、图纸和有关技术资料，同时退回投标保证金（无息）。

建设单位与中标单位签订施工合同前，到建设行政主管部门或其授权单位进行合同审查。

招标工作结束后，招标单位将开标、评标过程有关纪要、资料、评标报告、中标单位的投标文件一份副本报招标管理机构备案。

1.3.3.5　中标无效

指招标人确定的中标失去了法律约束力，也即依照法律，获得中标的投标人失去了与招标人签订合同资格，招标人不再负有与中标人签订合同的义务。对已签订合同的，合同无效。导致中标无效的原因有以下几点：

（1）违法行为直接导致中标无效：投标人相互串通、招标人与投标人相互串通，在招投标过程中有行贿受贿，投标人以他人名义投标或弄虚作假、骗取中标，招标人在评标委员会依法推荐的中标候选人以外确定中标人的，投标被评标委员会否决后自行确定中标人的。

（2）违法行为影响中标结果的中标无效：招标代理机构在招标活动中泄露机密的，招标人和投标人串通损害国家利益或他人的合法权益影响中标结果的，招标人向他人透露信息影响公平竞争或中标结果的，招标人和投标人就投标价格等实质性内容进行谈判的行为影响中标结果的。

【案例 1-3】

背景：

某园林工招标项目。招标文件规定：① 投标保证金金额为 10 万元人民币，招标人接受的投标保证金形式为现金、银行汇票或银行保函；② 投标函须加盖投标人印章，同时由法定代表人或其授权代表签字；③ 投标文件分为投标函、商务文件、技术文件三部分，均须单独密封，否则招标人不予接收。

投标人共有 6 家，分别为 A、B、C、D、E 和 F。投标文件的递交情况如下：

投标人 A 提前一天递交投标文件，其投标函、商务和技术文件被密封在同一个文件箱内，投标保证金为 10 万元人民币的银行保函。

投标人 B 在投标截止时间前递交投标文件，其投标函、商务文件、技术文件单独密封，但其投标保证金 10 万元人民币现金在投标截止时间后 10 分钟送达招标人。

投标人 C 在开标当天投标截止时间前按时递交投标文件。投标函、商务和技术文件单独密封，其投标保证金为 5 万元人民币的银行汇票。

投标人 D 的投标文件于投标截止时间前 1 日寄达招标人，但其参加开标会议的代表迟到 10 分钟抵达开标现场。

投标人 E、F 的投标文件均提前递交，并符合招标文件要求。

招标人接收了投标人 A、B、E 和 F 递交的 4 份投标文件。因投标人 C 的投标保证金金额不足、投标人 D 的投标人代表迟到，招标人拒绝接收其投标文件。

唱标过程中，投标人 A 的投标函上没有其法定代表人或其授权代理人签字，招标人唱标后，当场宣布 A 的投标为废标；投标人 B 的投标函上有两个大写投标报价，招标人要求其确认了其中一个报价后进行唱标；投标人 E 的投标报价，大写为壹佰捌拾万元人民币整，小写为 180 万元人民币，招标人按照有利于招标人的原则按 180 万元人民币唱标。

唱标结束后，招标人要求每个投标人在开标会记录上签字。投标人 F 认为招标人组织的开标存在问题，拒绝在开标会记录上签字，招标人当场宣布其投标为废标。

这样仅剩 B、E 两个有效投标人，评标委员会经评审后认为有效投标少于 3 家，明显缺乏竞争性，于是否决了所有投标。

问题：

（1）对投标人 A～F 的投标文件及保证金，招标人应接收哪些？拒收哪些？认为应拒收的，简要说明理由。

（2）招标人在唱标过程中对投标人 A、B、E 的投标文件的处理存在哪些不妥之处？简要说明理由，并给出正确做法。

（3）招标人当场宣布投标人 F 的投标为废标是否正确？简要说明理由。

（4）在本项目中，评标委员会是否有权否决所有投标？招标人下一步应采取什么措施？

答案：

问题 1：

对投标人 A～F 的投标文件及保证金，招标人应接收 D、E、F，拒收 A、B、C。

拒收 A 的理由：投标函、商务和技术文件被密封在同一个文件箱内，不符合招标文件的规定。

拒收 B 的理由：投标保证金在投标截止时间后 10 分钟送达招标人，不符合《招标投标法》的规定。

拒收 C 的理由：投标保证金数额不符合招标文件的规定。

问题 2：

（1）招标人在唱标中对投标人 A 投标文件的处理存在不妥之处：当场宣布 A 投标为废标。

理由：招标人不应在开标现场对投标文件是否有效作出判断和决定。

正确做法：递交评标委员会评定。

（2）招标人在唱标中对投标人 B 投标文件处理存在不妥之处：招标人要求其确认了其中一个报价后进行唱标。

理由：应该在投标文件中申明最终报价。

正确做法：按废标处理。

（3）招标人在唱标中对投标人 E 投标文件处理存在不妥之处：招标人按照有利于招标人的原则按 180 万元人民币唱标。

理由：应以大写金额为准。

正确做法：按壹佰捌拾万元人民币唱标。

问题 3：

招标人当场宣布投标人 F 的投标为废标不正确。

理由：除了可以拒绝迟到的投标文件以外，开标时不允许宣布任何一份按时递交的投标文件为废标。

问题 4：

在本项目中，评标委员会有权否决所有投标。招标人下一步应采取的措施是重新招标。

1.4　园林绿化工程投标

园林绿化工程投标是园林工程招标投标活动中投标人的一项重要活动，也是园林企业取得承包合同的主要途径，它是指具有合法资格和能力的投标人根据招标条件，在经过详细的市场调查的基础上，按招标文件的要求，在指定期限内填写标书，提出报价，通过竞争的方式承揽工程的过程。投标是获取工程施工权的主要手段，是响应招标，参与竞争的法律行为。园林绿化工程一般投标程序见图 1-10。

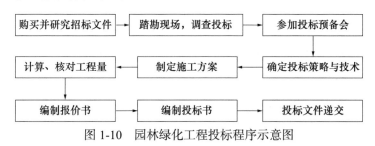

图 1-10　园林绿化工程投标程序示意图

1.4.1　投标资格要求

1.4.1.1　投标人

投标人应当具备承担招标项目的能力，具备国家和招标文件规定的对投标人的资格要求：具有招标文件要求的资质证书，并为独立的法人实体；承担过类似园林建设项目的相关工作，并有良好的工作业绩和履约记录；在最近三年没有骗取合同及其他经济方面的严重违法行为；近几年有较好的安全记录，投标当年内没有发生重大质量和特大安全事故；财产状况良好，没有处于财产被接管、破产或其他关、停、并、转状态。

1.4.1.2　联合体投标

《招标投标法》第三十一条规定："两个以上法人或者其他组织可以组成一个联合体，以一个投标人的身份共同投标，联合体各方均应具备承担招标项目的相应能力和规定的资格条件。联合体各方应当签订共同投标协议，明确约定各方拟承担的工作和责任，并将共同投标协议连同投标文件一并提交招标人。"我国《招标投标法》对联合体的基本要求是联合体各方都应具备承担招标项目的相应能力；招标文件一般对投标人的资格条件有相关规定，国家也有相关规定，联合体参与投标，那么联合体各方都应具备相应的资格条件；联合体若是由同一专业的单位组成，那么按照其中资质等级较低的单位来确定联合体资质等级。联合体形式的投标人在参与投标活动时，与单一投标人有所不同，主要体现在以下几个方面：投标文件中必须附上联合体协议；投标保证金的提交可以由联合体共同提交，也可以由联合体的牵头人提交，投标保证金对联合体所有成员均具有法律约束力；对联合体各方承担项目能力的评审以及资质的认定，要求联合体所有成员均应按照招标文件的相应要求提交各自的资格审查资料。

1.4.2　投标策略

投标策略是指承包人在投标竞争中的系统工作部署及其参与投标竞争的方式和手段。

1.4.2.1　常见的投标策略

（1）靠提高经营管理水平取胜：这主要靠做好施工组织设计，采用合理的施工技术和施工机械，精心采购材料、设备，选择可靠的分包单位，安排紧凑的施工进度，力求节省管理费用等，从而有效地降低工程成本而获得较大的利润。

（2）靠改进设计和缩短工期取胜：这主要靠仔细研究原设计图纸，发现有不够合理之处，提出能降低造价的修改设计建议，以提高对发包人的吸引力。另外，靠缩短工期取胜，即比规定的工期有所缩短，帮助发包人达到早投产、早收益，有时甚至标价稍高，对发包人也是很有吸引力的。

（3）低利政策：这主要适用于承包任务不足时，与其坐吃山空，不如以低利承包一些工程，还能维持企业运转。此外，承包人初到一个新的地区，为了打入这个地区的承包市场、建立信誉，也往往采用这种策略。

（4）加强索赔管理：有时虽然报价低，但着眼于施工索赔，也能赚到高额利润。

（5）着眼于发展：为争取将来的优势，而宁愿目前少盈利。例如，承包人为了掌握某种有发展前途的工程施工技术（如建造核电站的反应堆或海洋工程等），就可能采用这种策略。这是一种较有远见的策略。以上这些策略不是互相排斥的，可根据具体情况，综合灵活运用。

1.4.2.2　投标报价的策略

作为决策的主要资料依据应当是本公司算标人员的计算书和分析指标。在进行投标决策研讨时，应当正确分析本公司和竞争对手情况，并进行实事求是的对比评估。

（1）可高报价情况：施工条件差的工程；专业要求高的技术密集型工程，而本公司在这方面又有专长，声望也较高；总价低的小工程，以及自己不愿做、又不方便不投标的工程；特殊的工程，如港口码头、地下开挖工程等；工期要求急的工程；投标对手少的工程；支付条件不理想的工程。

（2）可低报价情况：施工条件好的工程，工作简单、工程量大而一般公司都可以做的工程；公司目前急于打入某一市场、某一地区，或在该地区面临工程结束、机械设备等无工地转移时的工程；公司在附近有工程，而项目又可利用该工程的设备、劳务，或有条件短期内突击完成的工程；投标对手多，竞争激烈的工程；非急需工程。

1.4.2.3　投标有效期

投标有效期从投标截止时间起开始计算，主要用于组织评标委员会评标、招标人定标、发出中标通知书，以及签订合同等工作。一般项目投标有效期为60～90日，大型项目120天左右。投标保证金的有效期应与投标有效期保持一致。出现特殊情况需要延长投标有效期的，招标人以书面形式通知所有投标人延长投标有效期。投标人同意延长的，应相应延长其投标保证金的有效期，但不得要求或被允许修改或撤销其投标文件；投标人拒绝延长的，其投标失效，但投标人有权收回其投标保证金。

1.4.2.4　投标文件的修改与撤回

在规定的投标截止时间前，投标人可以修改或撤回已递交的投标文件，但应以书面形式通知招标人。在招标文件规定的投标有效期内，投标人不得要求撤销或修改其投标文件。

1.4.3　投标书编制

1.4.3.1　商务标（投标报价）

投标报价编制和确定的最基本特征是投标人自主报价，它是市场竞争形成价格的体现，投标人自主决定投标报价应遵循的原则：遵守有关规范、标准和设计文件的要求，遵守国家或省级、行业主管部门及其工程造价管理机构制定的有关工程造价政策的要求，遵守招标文件中有关投标报价的要求，投标报价由投标人自主确定，但不得低于成本，不得高于招标控制价，实行工程量清单招标，招标人在招标文件中提供工程量清单，目的是使各投标人在报价中具有共同的竞争平台。

1. 投标报价编制方法

一般规定投标报价应由投标人或受其委托具有相应资质的工程造价咨询人编制，投标人应根据规范规定自主确定投标报价，投标报价不得低于工程成本。项目投标人必须按招标工程量清单填报价格。项目编码、项目名称、项目特征、计量单位、工程量必须与招标工程量清单一致。投标人的投标报价高于招标控制价的应予以废标。

2. 编制依据

《建设工程工程量清单计价规范》；国家或省级、行业建设主管部门颁发的计价办法；企业定额，国家或省级、行业建设主管部门颁发的计价定额和计价办法，招标文件、招标工程量清单及其补充通知、答疑纪要，建设工程设计文件及相关资料；施工现场情况、工程特点及投标时拟定施工组织设计或施工方案；与建设项目相关的标准、规范、技术资料；市场价格信息或工程造价管理机构发布的工程造价信息，其他的相关资料。

3. 投标报编制内容

（1）分部分项工程费应按下列规定报价：综合单价中应包括招标文件中划分的应由投标人承担的风险范围及其费用，招标文件中没有明确的，应提请招标人明确。

（2）措施项目工程费应按下列规定报价：单价措施项目中的单价项目，应根据招标文件和招标工程量清单项目中的特征描述确定综合单价计算。措施项目中的总价项目金额应根据招标文件及投标时拟定的施工组织设计或施工方案，按规范规定的自主确定。

（3）其他项目费应按下列规定计价：暂列金额应按招标工程量清单中列出的金额填写暂估价中的材料、工程设备单价应按招标工程量清单中列出的单价计入综合单价，暂估价中的专业工程金额应按招标工程量清单中列出的金额填写。计日工应按招标工程量清单中列出的项目和数量，自主确定综合单价并计算计日工金额。总承包服务费应根据招标工程量清单列出的内容和提出的要求自主确定。

（4）规费、税金应按下列规定计价：规费和税金必须按国家或省级、行业建设主管部门的规定计算，不得作为竞争性费用。

4. 投标报价编制的注意事项

招标工程量清单与计价表中列明的所有需要填写单价和合价的项目，投标人均应填写且只允许有一个报价。未填写单价和合价的项目，视为此项费用已包含在已标价工程量清单中其他项目的单价和合价之中。当竣工结算时，此项目不得重新组价予以调整。投标总价应当与分部分项工程费、措施项目费、其他项目费和规费、税金的合计金额一致。

1.4.3.2　技术标

1. 编写内容

技术标通常由技术标标书的总说明、施工组织设计、项目管理班子配备、技术措施费、工期、质量承诺和施工技术方案等部分组成。

2. 编制内容的审查

（1）组织管理机构：审查管理机构的设置是否与招标文件相一致。

（2）施工安排：施工总体安排、施工队伍布置、施工区段划分、施工场地布置、工程施工顺序、临时工程等是否科学、合理、符合规范及招标文件要求。

（3）工期：审查工期目标，主要工程项目工期安排，主要施工节点工期，保证工期的主要措施及受罚条款是否与招标文件相一致；横道图、网络图（形象进度图）是否齐全。

（4）质量：质量目标、质量保证体系、质量管理制度、质量管理职责、保证质量的措施、冬、雨、夜质量保障措施、创优规划及措施、已完工程保护措施、工程回访措施等是否满足招标文件的要求。

（5）安全：安全目标、安全保证体系、安全管理制度、安全管理职责、保证安全措施、冬、雨、夜安全保障措施、治安消防措施、已完工程保护措施等是否满足招标文件要求。

（6）施工方案、方法、工艺：采用的施工方案、方法、工艺是否满足招标文件强制性要求，是否先进合理等。采用的材料、机械设备、试验检测手段是否能满足质量、安全、环保要求。

（7）劳、材、机配备：是否符合招标文件及施工方案、方法、工艺要求，特别是材料供应方式、供应计划不能违背招标文件要求，并与施工进度相适应。

（8）文明施工、环境保护：文明施工、环境保护目标、施工中采取的措施是否完全响应招标文件。

（9）各项管理制度：除审查上述工期、质量、安全管理制度外，还要审查招标文件规定的其他管理制度。例如：主要材料的采购供应制度、试验室管理制度等。

1.4.4　投标技巧

1.4.4.1　计日工单价的报价

计日工单价的报价要视具体情况而定，如果是单纯报计日工单价，而且不计入总价中，则可以报高些；但如果计日工单价要计入总报价，则需具体分析是否报高价，以免抬高总报价。总之，要分析业主在开工后可能使用的计日工数量，再来确定报价方针。

1.4.4.2　可供选择方案的项目的报价

有些工程项目的分项工程，业主可能要求按某一方案报价，然后再提供几种可供选择方案的比较报价。

1.4.4.3　暂定工程量的报价

业主规定了暂定工程量的分项内容和暂定总价，由于暂定总价款是固定的，对各投标人的总报价水平竞争力没有什么影响。因此，投标时应当对暂定工程量的单价适当提高。

1.4.4.4　不平衡报价法

不平衡报价法也叫前轻后重法，是指一个工程总报价基本确定后，通过调整内部各个项目的报价，以期既不提高总报价、不影响中标，又能在结算时得到更理想的经济效益，保持正常报价水平条件下的总报价不变。

图纸不明确，估计修改后工程量要增加的，可以提高单价，而工程内容解说不清楚的，则可适当降低一些单价，待澄清后可再要求提高。

任意项目或选择项目，对这些项目要具体分析预计今后工程量会增加的项目，单价适当提高，这样结算时总价会提高，而把工程量会减少项目单价降低，工程结算时损失不大。

前期完工的工作较高的报价，后期完工的工作较低报价。

分析工程量情况，防止重大损失或废标，注意单价的不平衡要有适当的尺度。

1.4.4.5　多方案报价法

多方案报价法即按招标文件报一个价，然后再提出，如某条款做某些变动，报价可降低多少，由此可以报出一个较低的价。这样可以降低总价，吸引业主。

1.4.4.6　增加建议方案

有时招标文件中规定，可以提一个建议方案，即可以修改原设计方案，提出投标者的方案。投标者这时应抓住机会，组织一批有经验的设计和施工工程师，对原招标文件的设计和施工方案进行仔细研究，提出更为合理的方案以吸引业主，促成自己的方案中标。

1.4.4.7　分包商报价的采用

由于现代工程的综合性和复杂性，总承包人不可能将整体工程完全独家包揽，特别是有些专业性较强的工程内容，需分包给其他专业工程公司施工，还有些招标项目，业主规定某些工程内容必须由其他指定的几家分包商。因此，总承包人通常应在投标前先取得分包商的报价，并增加总承包人摊入一定的管理费，而后作为自己报标总价的一个组成部分一并列入报价单中。

1.4.4.8　无利润算标

缺乏竞争优势的承包人，在不得已的情况下，只能在算标中不考虑利润去夺标。这种办法一般针对特殊条件，如为了拓展新市场空间，或是因为单位工程项目运转出现空档，为了利用项目维持企业运转，只好在算标中低利润或无利润以图低价中标。

1.4.5　投标文件递交

1.4.5.1　投标保证金

投标人应当按照招标文件要求的方式和金额，将投标保证金随投标文件提交给招标人。投标人不按招标文件要求提交投标保证金的，投标文件将被拒绝，做废标处理。投标保证金一般不超过投标报价的2%，最高不得超过80万元。投标保证金有效期应当与投标有效期一致。

1.4.5.2　参加开标会议

投标人在编制和递交了投标文件后，就要积极准备出席开标会议。参加开标会议对投标人来说，既是权利也是义务。按照国际惯例，投标人不参加开标会议的，视为弃权，其投标文件将不予启封，不予唱标，不允许参加评标。

【案例1-4】

背景：

某投标人通过资格预审后，对招标文件进行了仔细分析，发现招标人提出的工期要求过于苛刻，且合同条款中规定每拖延1日逾期违约金为合同价的1‰。若要保证实现该工期要求，必须采取特殊措施，从而大大增加成本；还发现原设计方案过于保守。因此，该投标人在投标文件中说明招标人的工期要求难以实现，因而按自己认为的合理工期（比招标人要求的工期增加6个月）编制施工进度计划并据此报价；还建议将原设计方案改为新设计方案，并对这两种方案进行了技术经济分析和比较，证明框架体系不仅能保证工程结构的可靠性和安全性、增加使用面积、提高空间利用的灵活性，而且可降低造价约3%。

该投标人将技术标和商务标分别封装，在封口处加盖本单位公章并由项目经理签字后，在投标截止日期前1日上午将投标文件报送招标人。次日（即投标截止日当天）下午，在规定的开标时间前1h，该投标人又递交了一份补充材料，其中声明将原报价降低4%。但是，招标人的有关工作人员认为，根据国际上"一标一投"的惯例，一个投标人不得递交两份投标文件，因而拒收该投标人的补充材料。

开标会由工程交易中心招投标办的工作人员主持，公证处有关人员到会，各投标人代表均到场。开标前，公证处人员对各投标人的资质进行审查，并对所有投标文件进行审查，确认所有投标文件均有效后，正式开标。主持人宣读投标人名称、投标价格、投标工期和有关投标文件的重要说明。

问题：

（1）该投标人运用了哪几种报价技巧？其运用是否得当？请逐一加以说明。

（2）招标人对投标人进行资格预审应包括哪些内容？

（3）从所介绍背景资料来看，在该项目招标程序中存在哪些不妥？请分别作简单说明。

要点分析：

本案例主要考核投标人报价技巧的运用，涉及多方案报价法、增加建议方案法和突然降价法，还涉及招标程序中的一些问题。

多方案报价法和增加建议方案法都是针对招标人的，是投标人发挥自己技术优势、取得招标人信任和好感的有效方法。运用这两种报价技巧的前提均是必须对原招标文件中的有关内容和规定报价，否则，即被认为对招标文件未作出"实质性响应"，而被视为废标。突然降价法是针对竞争对手的，其运用的关键在于突然性，且需保证降价幅度在自己的承受能力范围之内。

本案例关于招标程序的问题仅涉及资格预审的时间、投标文件的有效性和合法性、开标会的主持、公证处人员在开标时的作用。这些问题都应按照《招标投标法》和有关法规的规定回答。

答案：

问题1：

答：该投标人运用了三种报价技巧，即多方案报价法、增加建议方案法和突然降价法。其中，多方案报价法运用不当，因为在运用该报价技巧时，必须对原方案（本案例指招标人的工期要求）报价，而该投标人在投标时仅说明了该工期要求难以实现，却并未报出相应的投标价。

增加建议方案法运用得当，通过对两个方案技术经济的分析和比较（这意味着对两个方案均报了价），论证了建议方案的技术可行性和经济合理性，对招标人有很强的说服力。

突然降价法也运用得当，原投标文件的递交时间比规定的投标截止时间仅提前1天多，这既是符合常理的，又为竞争对手调整、确定最终报价留有一定的时间，起到了迷惑竞争对手的作用。若提前时间太多，会引起竞争对手的怀疑，而在开标前1h突然递交一份补充文件，这时竞争对手已不可能再调整报价了。

问题2：

答：招标人对投标人进行资格预审应包括以下内容：

（1）投标人签订合同的权利：营业执照和诚信信誉度；

（2）投标人履行合同的能力：人员情况、技术装备情况、财务状况等；

（3）投标人目前的状况：投标资格是否被取消、账户是否被冻结等；

（4）近三年情况：是否发生过重大安全事故和质量事故；

（5）法律、行政法规规定的其他内容。

问题3：

答：该项目招标程序中存在以下不妥之处：

（1）"招标单位的有关工作人员拒收投标人的补充材料"不妥，因为投标人在投标截止时间之前所递交的任何正式书面文件都是有效文件，都是投标文件的有效组成部分，也就是说，补充文件与原投标文件共同构成一份投标文件，而不是两份相互独立的投标文件。

（2）"开标会由工程交易中心招投标办的工作人员主持"不妥，因为开标会应由招标人或招标代理人主持，并宣读投标人名称、投标价格、投标工期等内容。

（3）"开标前，公证处人员对各投标人的资质进行了审查"不妥，因为公证处人员无权对投标人资格进行审查，其到场的作用在于确认开标的公正性和合法性（包括投标文件的合法性），资格审查应在投标之前进行（背景资料说明了该投标人已通过资格预审）。

（4）"公证处人员对所有投标文件进行审查"不妥，因为公证处人员在开标时只是检查各投标文件的密封情况，并对整个开标过程进行公证。

（5）"公证处人员确认所有投标文件均有效"不妥，因为该投标人的投标文件仅有投标单位的公章并由项目经理的签字，而无法定代表人或其代理人的签字或盖章，应当作为废标处理。

第2章 园林绿化工程合同管理

合同管理是建设工程项目管理的重要内容之一，在项目实施过程中，往往会涉及许多合同，如设计合同、施工承包合同、供货合同、总承包合同、分包合同等，因此对每个合同的起草、签订、履行、变更乃至争议、索赔等过程进行控制和管理显得尤为重要。

2.1 《中华人民共和国合同法》基础

2.1.1 《中华人民共和国合同法》的适用范围及基本原则

2.1.1.1 《中华人民共和国合同法》的适用范围

《中华人民共和国合同法》（以下简称《合同法》），其立法目的在于保护合同当事人的合法权益，维护社会经济秩序，促进社会主义现代化建设。

合同的定义：《合同法》中关于合同的定义是平等主体的自然人、法人、其他组织之间设立、变更、终止民事权利义务关系的协议。

《合同法》主要调整法人、其他组织之间的经济贸易合同关系，同时还包括自然人之间的买卖、借贷、租赁、赠予等合同关系。需要注意的是，《合同法》调整的是平等主体之间的民事关系，政府依法维护经济秩序的管理活动，属于行政管理关系，不是民事关系，适用有关行政管理的法律，不适用《合同法》；法人、其他组织内部的管理关系，适用有关公司、企业的法律，也不适用《合同法》；有关婚姻、收养、监护等身份关系，亦不适用《合同法》。但在一些特别法中规定的合同，如保险合同、著作权许可使用和转让合同等，除了依据《合同法》外，还应相应地适用《中华人民共和国保险法》《中华人民共和国著作权法》等相关规定。

2.1.1.2 《合同法》的基本原则

《合同法》制定的基本原则见表2-1。

《合同法》的基本原则   表2-1

基本原则	内　涵
平等原则	合同双方法律地位平等，合同当事人之间平等的享受权利、承担义务；合同当事人的合法权益受到平等的法律保护
自由原则	合同双方订立合同的内容与方式在不违反国家法律法规、法规强制性规定的前提下，由合同当事人自愿协商确定，任何单位和个人不得非法干预
公平原则	当事人应遵循公平原则确定各方的权利和义务
诚实信用原则	在订立合同时，合同当事人应当诚信、不作假、不欺诈；在履行合同的过程中，合同当事人双方应相互协作，全面适当地履行自己的义务；在合同终止后，合同当事人应当根据交易习惯履行通知、协助、保密等义务

基本原则	内　涵
合法与公序良俗原则	当事人订立、履行合同，应当遵守法律、行政法规，尊重社会公德，不得扰乱社会经济秩序、损害社会公共利益
依合同履行义务原则	依法成立的合同，受法律保护，对当事人具有法律约束力，当事人应按照约定履行自己的义务，不得擅自变更或者解除合同

2.1.2　合同的签订

2.1.2.1　合同的形式、内容

1. 合同的形式

首先订立合同的当事人须具有相应的民事权利能力和民事行为能力，当事人也可以依法委托代理人签订合同。

合同的订立有：书面形式、口头形式和其他形式，法律、行政法规规定采用书面形式的，应当采用书面形式；当事人约定采用书面形式的，应当采用书面形式。根据《合同法》第十一条：书面形式是指合同书、信件和数据电文（包括电报，电传，传真，电子数据交换和电子邮件）等可以有形地表现所载内容的形式。

《合同法》分则明确规定需要采取书面形式签订的合同有：商业借款合同、6个月以上的长期租赁合同、融资租赁合同、建设工程合同、建设工程实行建立的委托监理合同、技术开发合同、技术转让合同。园林绿化工程属于建设工程，根据合同法的上述规定，园林绿化工程合同应采用书面形式。

2. 合同的内容

合同的内容由当事人约定，一般包括以下条款：

（1）当事人的名称或者姓名和住所；

（2）标的；

（3）数量；

（4）质量；

（5）价款或者报酬；

（6）履行期限、地点和方式；

（7）违约责任；

（8）解决争议的办法。

当事人可以参照各类合同的示范文本订立合同。

2.1.2.2　要约、承诺

当事人订立合同，采取要约、承诺方式。

1. 要约

要约，又称发盘、出价、报价，是希望与他人订立合同的意思表示，发出要约的一方称为要约人，接受要约的一方称为受要约人。要约的内容应当具体明确，必须是合同成立所必需的条款，即合同的主要条款，是能够使受要约人根据一般的交易规则能够理解要约人意图而订立合同的要求。要约必须具有订立合同的意图，要约人发出要约后，一经受要约人做出相应承诺，合同关系即为成立，要约人即受要约内容的约束，不得随意撤回或撤销要约。

要约如需要撤回，那么撤销要约的通知应当在要约到达受要约人之前或者与要约同时到达受要约人。

要约邀请，是指希望他人向自己发出要约的意思表示。寄送的价目表、拍卖公告、招标公告、招股说明书、商业广告等为要约邀请。其中，商业广告的内容如果符合要约规定的，应当视为要约。要约邀请只是订立合同的预备行为，目的在于诱使他人向自己发出要约，而非希望获得相对人的承诺，要约邀请既不能因相对人的承诺而成立合同，也不能因自己做出某种承诺而约束要约人，行为人撤回其要约邀请，在没有给善意相对人造成信赖利益的损失情况下，可不承担法律责任。

2. 承诺

承诺是受要约人同意要约的意思表示。承诺应当以通知的方式做出，如口头通知或书面通知，但根据交易习惯或者要约表明可以通过行为做出承诺的除外，也即受要约人在承诺期限内无须发出通知，而是通过履行要约中确定的义务来承诺要约。承诺应当在要约确定的期限内到达要约人，没有规定承诺期限的，视要约的方式而定：要约以对话方式作出的，应当即时作出承诺，但当事人另有约定的除外；要约以非对话方式做出的，承诺应当在合理期限内到达。

承诺到达要约人时，承诺生效，合同成立。按照通常情境受要约人在承诺期限内发出的承诺能够及时到达要约人，但因其他原因承诺到达要约人时超过承诺期限的，除要约人及时通知受要约人因承诺超过期限不接受该承诺的以外，该承诺有效。承诺是可以撤回的，撤回承诺的通知应当在承诺通知到达要约人之前或者与承诺通知同时到达要约人。

2.1.3 合同的效力

合同的效力是指已成立的合同将对合同当事人乃至第二人产生的法律约束力。合同的效力可分为合同的生效、无效合同、可变更或可撤销合同、效力待定合同。

2.1.3.1 合同的生效

依法成立的合同，自成立时生效。法律、行政法规规定应当办理批准、登记等手续生效的，依照其规定。当事人对合同的效力可以附生效条件，附生效条件的合同，自条件成就时生效；附解除条件的合同，自条件成就时失效。当事人对合同的效力可以约定附期限，附生效期限的合同，自期限届至时生效；附终止期限的合同，自期限届满时失效。

2.1.3.2 无效合同

《合同法》第五十二条规定，有下列情形之一的，合同无效：

（1）一方以欺诈、胁迫手段订立合同，损害国家利益；

（2）恶意串通、损害国家、集体或者第三人利益；

（3）以合法形式掩盖非法目的；

（4）损害社会公共利益；

（5）违反法律、行政法规的强制性规定。

2.1.3.3 可变更或可撤销合同

《合同法》第五十四条规定，下列合同，当事人一方有权请求人民法院或者仲裁机构变更或者撤销：

（1）因重大误解订立的；

（2）在订立时显失公平的。

一方以欺诈、胁迫的手段或者乘人之危，使对方在违背真实意思的情况下订立合同，受损害方有权请求人民法院或者仲裁机构变更或者撤销。当事人请求变更的，人民法院或者仲裁机构不得撤销。

2.1.3.4 效力待定合同

效力待定合同是指已成立的合同因欠缺一定的生效要件，其生效与否尚未确定，须经过补正方可生效，在一定的期限内不予补正则视为无效的合同。根据合同法第四十七条、第四十八条，限制民事行为能力人订立的合同、无权代理订立的合同、无处分权的人处分他人财产的合同，均属效力待定，其法定代理人、被代理人、权利人可依法追认，善意的相对人也可依法撤销。法定代理人、被代理人、权利人没有依法追认，善意的相对人也没有依法撤销的，合同无效。

2.2 园林绿化工程合同概述

2.2.1 合同的分类

园林绿化工程是建设风景园林绿地的工程，属于建设工程，园林绿化工程合同是承包人进行绿化工程建设，发包人支付价款的合同。

2.2.1.1 按工程建设阶段分类

按照工程建设阶段分类，园林绿化工程大体上经过勘察、设计、施工三个阶段，围绕不同阶段的工作订立相应的合同。

（1）勘察合同：是指勘察人接受发包人的委托，根据建设工程的要求，查明、分析、评价建设场地的地质地理环境特征和岩土工程条件，完成建设工程地理、地质等情况的调查研究工作，编制建设工程勘察文件，发包人支付相应价款的合同。

（2）设计合同：是指根据建设工程的要求，对建设工程所需的技术、经济、资源、环境等条件进行综合分析、论证，编制建设工程设计文件的活动，包括总体规划设计、方案设计、初步设计和施工图设计等。

（3）施工合同：内容包括工程范围、建设工期、中间交工工程的开工和竣工时间、工程质量、工程造价、技术资料交付时间、材料和设备供应责任、拨款和结算、竣工验收、质量保修范围和质量保证期、双方相互协作等条款。

2.2.1.2 按承包方式分类

按照承包方式可以分类为：直接承包合同、工程总承包合同、承包合同、专业分包合同。

（1）直接承包合同：是指不同的承包人在同一工程项目上，分别与发包人（建设单位）签订承包合同，各自直接对发包人负责。各承包商之间不存在总承包、分承包的关系，现场上的协调工作由发包人自己去做，或由发包人委托一个承包商牵头去做，也可聘请专门的项目经理去做。

（2）工程总承包合同：又称"交钥匙承包合同"，即发包人将建设工程的勘察、设计、施工等工程建设的全部任务一并发包给一个具备相应的总承包资质条件的承包人。

（3）承包合同：是总承包人就工程的勘察、设计、建筑安装任务分别与勘察人、设计人、施工人订立的勘察、设计、施工承包合同。

（4）专业分包合同：是指施工总承包企业将其所承包工程中的专业工程发包给具有相应

资质的其他建筑企业完成的合同，如单位工程中的地基、装饰、幕墙工程。

2.2.1.3　按计价方式分类

按照承包工程的计价方式可以分类为：总价合同、单价合同、成本加酬金合同。

1. 总价合同

总价合同一般要求投标人按照招标文件要求报一个总价，在这个价格下完成合同规定的全部项目。总价合同通常有以下四种形式，见表 2-2。

总价合同的主要形式　　　　　　　　　　　　　　　　　　　　　　表 2-2

形　式	内　容
固定总价合同	指在约定的风险范围内价款不再调整的合同，一般适用于工期不长（一般不超过一年），对工程项目要求十分明确，合同履行时不会出现重大的设计变更，承包商报价的工程量与实际完成工程量不会有较大差异；并且规模较小、技术不复杂的工程。承包商将承担全部风险，将为许多不可预见因素付出代价，因此一般报价较高
调整总价合同	指合同价格可以调整的合同。具体价格调整方式有： （1）公式调价法。即采用价格指数调整价格差额。主要是根据完成工程施工所需的人工、材料和机械台时等因子的估计耗用量，在招投标时事先约定各可调因子的变值权重和不可调因子的定值权重，以公平分担价格风险的原则，计算得出支付项目的价格波动价差； （2）文件证明法。指采用造价信息调整价格差额。合同履行期间，当合同内约定的某一级以上有关主管部门或地方建设行政管理机构颁发价格调整文件时，按文件规定执行； （3）票据价格调整法。是指合同履行期间，承包商依据实际采购的票据和用工量，向业主实报实销与报价单中该项内容所报基价的差额
固定工程量总价合同	通过合同中已确定的单价来计算新增的工程量和调整总价。如未改变设计或未增加新项目，则总价不变；如改变设计或增加新项目，则总价也变
管理费总价合同	业主聘请业内的管理专家对发包合同的工程项目进行管理和协调，并支付一笔总的管理费用

2. 单价合同

这种合同指根据发包人提供的资料，双方在合同中确定每一单项工程单价，结算则按实际完成工程量乘以每项工程单价计算。当准备发包的工程项目的内容和设计指标一时不能十分确定，或工程量不能准确确定时，可以采用单价合同，单价合同主要有以下三种形式，见表 2-3。

单价合同的主形式　　　　　　　　　　　　　　　　　　　　　　　表 2-3

形式	内　容
估计工程量单价合同	承包商在投标时，以工程量报价单中列出的工作内容和估计工程量填报相应的单价后，据之计算出总价作为投标报价。在每月结账时，以实际完成的工程量结算。可以约定，当某一分项工程的实际工程量与招标文件上的工程量相差一定百分比时（一般为 ±15%~±30%），双方可以讨论改变单价，但单价调整方法和比例最好在签订合同时即写明，以免日后发生纠纷。这种合同风险的分担较为合理。承包人承担单价风险；发包人承担工量风险。这有利于公正地维护双方的经济利益，是目前工程市场上普遍采用的合同形式
纯单价合同	若设计单位尚未提供施工详图，或虽有施工图但由于某些原因不能准确估算工程量时，可采用纯单价合同。招标文件中仅给出各项工程的分部分项工程项目一览表、工程范围和必要的说明，而不提供工程量。投标人只要报出各分部分项工程项目的单价即可，实施过程中按实际完成工程量结算
单价与包干混合合同	这种合同是总价合同与单价合同结合的一种形式。对内容简单、工程量准确部分，采用总价合同承包；对技术复杂、工程量为估算值部分采用单价合同方式承包

3. 成本加酬金合同

这种合同是指成本费按承包人的实际支出由发包人支付，同时按事先协议好的某种方式向承包人支付一定数额或百分比的管理费和商定的利润。采用这种合同，承包商不承担任何价格变化或工程量变化的风险，这些风险主要由业主承担，对业主的投资控制很不利。成本加酬金合同可分为成本加固定酬金合同；成本加定比酬金合同；成本加浮动酬金合同。其中成本加浮动酬金合同最能提高承包商节约投资的积极性。该类合同适用的范围主要有两类：

（1）时间特别紧迫需要立即展开工作的项目，如抢险、救灾工程、灾后重建项目；

（2）工程特别复杂，工程内容及其技术经济指标不能预先确定的项目。

2.2.2　合同的特点

园林绿化工程合同不同于其他合同，具有以下显著特点：

1. 合同标的物的特殊性

园林绿化工程合同中的标的物是各类景观、植物产品，其基础部分与大地相连，不能移动。每个合同中的项目因其环境的特殊性，相互之间不可替代，因而不同于工厂批量生产的产品，同时工程的单一性还决定了施工生产的流动性，施工队伍、施工机械必须围绕景观建设不断移动。景观和植物的所在地就是施工生产场地。

2. 法律对合同主体有特殊要求

承包、发包双方签订合同时，必须具备相应的经济技术资质和履行园林绿化工程合同的能力。在对合同范围内的工程实施建设，发包人必须具备经合法完备手续取得的甲方资格，具有支付合同价款、履行合同义务的能力；承包人必须具备有关部门核定经济技术的资质等级证书和营业执照等证明文件。

3. 具有长期性、专业性、复杂性

园林绿化工程建设中植物、景观的施工，与所有建设工程一样，不仅施工工期较长，而且工程建设的施工单位需要在合同签订后、正式开工前有一个较长的施工准备时间，工程全部竣工验收后，办理竣工结算及保修期也要一定时间，特别是对植物的管护工作还需要更长的时间。此外，在施工过程中，还可能因为不可抗力、工程变更、材料供应不及时等原因而导致工期顺延，因此园林绿化工程合同的履行期限具有长期性。

园林绿化工程合同是专业性极强的合同，它包含其他类型的合同所没有的条款，比如工程分包、现场考察、文物和地下障碍物、施工事故处理、施工专利技术等，不仅对设计、勘察方面的专业技术要求极高，而且对施工技术也有很严格的技术要求，需要遵循各种国家标准规范、行业标准规范。

园林绿化工程合同包括勘察、设计、施工三个阶段，因而会派生出监理、工程材料、设备采购、专业分包等合同。严格地说，一个项目的工程建设涉及许多合同，形成了一个合同群，涉及与劳务人员的劳动关系、与保险公司的保险关系、与材料设备供应商的买卖关系、与运输的运输关系等，因此具备一定的复杂性。

4. 合同监管的重要性

园林绿化工程与所有的建设工程一样，一般涉及金额都较大，在施工过程中经常会发生影响合同履行的纠纷，需要合同当事人对合同进行严格的管理，合同管理是控制工程质量、进度和造价的重要依据，需要从条件的拟定、协商、签署、履行情况的检查和分析等环节进行科学管理，并且合同的主管机关（工商行政管理机构）、金融机构、建设行政主管机构等，都要对合同的履行进行严格的监督。

2.2.3　施工合同的主要内容及合同文本

一个项目的实施，涉及的建设任务很多，不同的建设任务往往由不同的单位分别承担，需要合同当事人通过订立合同明确其拥有的权利及应承担的义务。以下主要分析施工承包合同、施工分包合同的主要内容及合同文本。

2.2.3.1　施工合同的主要内容

施工合同是施工阶段发包人和承包人的权利和义务的体现，在施工过程中发包人和承包人的一切行为和工作都以施工合同为依据，是调解、仲裁和审理施工合同纠纷、追究违约责任的法律依据。作为合同的一种类型，施工合同履行期限长，涉及面广，其内容应涵盖《合同法》规定的主要内容，包括：工程范围、合同主体、工期、工程质量、竣工验收及质保、工程造价、担保、不可抗力与保险等。

1. 工程范围

工程范围是指施工的界区，是施工人进行施工的工作范围。在施工合同中，承包人应建设完成的工程项目和工程量，主要包括座数、结构、层数、面积、长度、高度、宽度等建筑规模和结构特征。

2. 合同主体

合同主体是合同履行的重要内容，合同主体的具体要求、人员、联系方式、职责等都需要有明确的规定，才能对合同的履行起保障作用。合同主体内容包括：发包人、承包人、现场管理人员任命和更换、发包人代表、监理工程师、造价工程师、承包人代表、指定分包人、承包人劳务等。

3. 工期

工期是施工人完成施工任务所需的期限。在实践中，有的发包人常常要求缩短工期，施工人为了赶进度，往往导致严重的工程质量问题。因此，为了保证工程质量，双方应在合同中确定合理的工期管理办法，包括工程进度计划和报告、开工、暂停施工和复工工期，以及工期延误、加快进度、竣工日期、提前竣工和误工赔偿的条款。

开工及延期开工：承包人应当按照合同条款约定的开工日期开始施工，不能按时开工的，应在不迟于合同约定的开工日期 7 日内，以书面形式向工程师提出延期开工的理由和要求，工程师在接到延期开工申请后的 48h 内以书面形式答复承包人。工程师在接到延期开工后 48h 内不答复，视为同意承包人的要求，工期相应顺延。因发包人原因不能正常开工的，工程师以书面形式通知承包人后，可推迟开工日期，但发包人应当赔偿承包人因此造成的损失，相应顺延工期。

工期延误：在合同履行期间，由于发包人原因造成工期延误的，发包人应按照实际开工日期顺延竣工日期，确保实际工期不低于合同约定的工期总日历天数。由于承包人原因造成工期延误的，可以在合同中约定逾期竣工违约金的计算方法和违约金的上限，承包人在支付逾期竣工违约金后，仍有继续完成工程及修补缺陷的义务。

4. 工程质量、竣工验收及质保

工程质量条款是明确施工人施工要求，确定施工人责任的依据。工程质量应当达到协议书约定的质量标准，质量标准的评定以双方在专用条款中约定的国家或者专业的质量检验评定标准。施工人必须按照设计图纸和施工技术标准施工，不得擅自修改工程设计、不得偷工减料。发包人也不得明示或者暗示施工人违反工程建设强制性规定，降低工程质量。因承包人原因达不到约定标准的，由承包人承担工程费用，工期不予顺延；因发包人原因达不到约定标准的，由发包人承担返工的追加合同价款、工期顺延。

竣工验收条款一般应当包括验收范围与内容、验收标准与依据、验收人员组成、验收方式和日期等内容。关于竣工日期：工程经竣工验收合格的，以承包人提交竣工验收申请报告之日为实际竣工日期；因发包人原因，未在监理人收到承包人提交的竣工验收申请报告42日内完成竣工验收，或完成竣工验收不予签发工程接收证书的，以提交竣工验收申请报告的日期为实际竣工日期；工程未经竣工验收，发包人擅自使用的，以转移占有工程之日为实际竣工日期。在办理交工验收手续后，在规定的期限内，施工单位对因勘查、设计、施工、材料等原因造成的质量缺陷进行修正。建设工程质量保修范围和质量保证期，应当按照《建设工程质量管理条例》的规定执行。

5. 工程造价

造价是合同的重要条款，包括资金计划和安排、工程量、工程计量和计价、合同价款的约定与调整、预付款、进度款、结算款、质保金等。明确规定造价的有关明细事项，对双方的最终利益实现起关键作用。

合同价款是合同中的核心条款，应依据中标通知书中的中标价格确定，非招标工程经双方商定工程预算书确定。施工合同生效后，合同双方都不得擅自改变。在调整总价合同中合同价款是允许调整的，需要对调整范围作出约定，一般包括：工程量的偏差、工程变更、法律及后继法律法规的变化、费用索赔事件或发包人负责的其他情况、工程造价管理机构发布的造价调整、专用条款约定的其他调整因素。承包人应当在价款可以调整的情况发生后14天内，将调整原因、金额以书面形式通知工程师，工程师确认后作为追加合同价款，与工程款同期支付。

作为工程价款支付的依据，工程量的确认也十分重要。承包人应按照合同约定时间向工程师提交已完成工作量的报告，并按照合同约定提出支付申请。工程师在收到报告后的7天内按设计图纸核实已完工作量。

另外，合同中也应明确约定好预付款、进度款、结算款、质保金等相关款项的支付办法、抵扣方式、规定期限等。

6. 担保、不可抗力与保险

合同履行过程中承包人和发包人双方都会存在风险，因此明确双方的风险和规避风险的措施在合同中也应明确，以保证合同的顺利实施。

发包人应向承包人提供支付担保，按合同约定支付工程价款及履行合同约定的其他义务。承包人应向发包人提供履约担保，按合同约定履行自己的各项义务。具体条款包括：担保的金额、时间、出具保函的单位等。

不可抗力是合同当事人不能预见、不能避免且不能克服的客观情况。不可抗力事件发生后，承包人应立即通知监理工程师，并在力所能及的条件下迅速采取措施，尽力减少损失。因不可抗力事件导致的费用，应由合同双方当事人按照合同约定进行承担，并相应调整合同价款。

针对施工过程中可能发生的不可抗力事件，合同双方当事人应明确各自的保险义务，保险事故发生时，承包方和发包方均有责任尽力采取必要的措施，防止或者减少损失。

此外，关于违约责任与处置办法、争议与索赔的解决、安全生产防护措施等也是施工合同的重要内容。

2.2.3.2　施工承包合同

为进一步加强建设工程施工合同管理，引导和规范建设行为，住房和城乡建设部和国家行政管理总局 2017 年颁发了修改的《建设工程施工合同（示范文本）》GF—2017—0201，是各类公用建筑、民用住宅、工业厂房、交通设施及线路管理的施工和设备安装合同的样本。施工合同示范文本一般都由协议书、通用条款、专用条款三部分组成。

1. 合同协议书

协议书是施工合同文本中的总纲领性文件，主要包括八项内容：工程概况、合同工期、质量标准、签约合同价与合同价格形式、项目经理、合同文件构成、承诺以及合同生效条件等重要内容，规定了合同的当事人双方最主要的权利义务，并且合同当事人需要在这份文件上签字盖章，因此具有很强的法律效力。合同协议书模板如下：

合同协议书

发包人（全称）：＿＿＿＿＿＿＿＿＿＿

承包人（全称）：＿＿＿＿＿＿＿＿＿＿

根据《中华人民共和国合同法》《中华人民共和国建筑法》及有关法律规定，遵循平等、自愿、公平和诚实信用的原则，双方就＿＿＿＿＿＿＿＿＿＿＿＿＿＿＿＿＿＿工程施工及有关事项协商一致，共同达成如下协议：

一、工程概况

1. 工程名称：＿＿＿＿＿＿＿＿＿。

2. 工程地点：＿＿＿＿＿＿＿＿＿。

3. 工程立项批准文号：＿＿＿＿＿＿。

4. 资金来源：＿＿＿＿＿＿＿＿＿。

5. 工程内容：＿＿＿＿＿＿＿＿＿。

群体工程应附《承包人承揽工程项目一览表》（附件 1）。

6. 工程承包范围：

＿＿＿＿＿＿＿＿＿＿＿＿＿＿＿＿＿

＿＿＿＿＿＿＿＿＿＿＿＿＿＿＿＿＿

＿＿＿＿＿＿＿＿＿＿＿＿＿＿＿＿＿。

二、合同工期

计划开工日期：＿＿＿年＿＿＿月＿＿＿日。

计划竣工日期：＿＿＿年＿＿＿月＿＿＿日。

工期总日历天数：＿＿＿＿＿天。工期总日历天数与根据前述计划开竣工日期计算的工期天数不一致的，以工期总日历天数为准。

三、质量标准

工程质量符合＿＿＿＿＿＿＿＿标准。

四、签约合同价与合同价格形式

1. 签约合同价为：

人民币（大写）＿＿＿＿＿＿（¥＿＿＿＿元）；

其中：

（1）安全文明施工费：

人民币（大写）＿＿＿＿＿＿（¥＿＿＿＿元）；

（2）材料和工程设备暂估价金额：

人民币（大写）＿＿＿＿＿＿（¥＿＿＿＿元）；

（3）专业工程暂估价金额：

人民币（大写）＿＿＿＿＿＿（¥＿＿＿＿元）；

（4）暂列金额：

人民币（大写）＿＿＿＿＿＿（¥＿＿＿＿元）。

2. 合同价格形式：＿＿＿＿＿＿＿＿＿。

五、项目经理

承包人项目经理：＿＿＿＿＿＿＿＿＿。

六、合同文件构成

本协议书与下列文件一起构成合同文件：

（1）中标通知书（如果有）；

（2）投标函及其附录（如果有）；

（3）专用合同条款及其附件

（4）通用合同条款；

（5）技术标准和要求；

（6）图纸；

（7）已标价工程量清单或预算书；

（8）其他合同文件。

在合同订立及履行过程中形成的与合同有关的文件均构成合同文件组成部分。

上述各项合同文件包括合同当事人就该项合同文件所作出的补充和修改，属于同一类内容的文件，应以最新签署的为准。专用合同条款及其附件须经合同当事人签字或盖章。

七、承诺

1. 发包人承诺按照法律规定履行项目审批手续、筹集工程建设资金并按照合同约定的期限和方式支付合同价款。

2. 承包人承诺按照法律规定及合同约定组织完成工程施工，确保工程质量和安全，不进行转包及违法分包，并在缺陷责任期及保修期内承担相应的工程维修责任。

3. 发包人和承包人通过招投标形式签订合同的，双方理解并承诺不再就同一工程另行签订与合同实质性内容相背离的协议。

八、词语含义

本协议书中词语含义与第二部分通用合同条款中赋予的含义相同。

九、签订时间

本合同于____年____月____日签订。

十、签订地点

本合同在_____签订。

十一、补充协议

合同未尽事宜，合同当事人另行签订补充协议，补充协议是合同的组成部分。

十二、合同生效

本合同自_____生效。

十三、合同份数

本合同一式____份，均具有同等法律效力，发包人执____份，承包人执____份。

发包人：（公章）　　承包人：（公章）

法定代表人或其委托代理人：法定代表人或其委托代理人：

（签字）　　　　　（签字）

组织机构代码：____　组织机构代码：____
地　址：____　地　址：____
邮政编码：____　邮政编码：____
法定代表人：____　法定代表人：____
委托代理人：____　委托代理人：____
电　话：____　电　话：____
传　真：____　传　真：____
电子信箱：____　电子信箱：____
开户银行：____　开户银行：____
账　号：____　账　号：____

2. 通用合同条款

通用条款是根据法律、法规和规章的规定以及建设工程施工的需要所订立的，通用于建设工程施工的条款。总共有20个条文，分别是：① 一般约定；② 发包人；③ 承包人；④ 监理人；⑤ 工程质量；⑥ 安全文明施工与环境保护；⑦ 工期和进度；⑧ 材料与设备；⑨ 试验与检验；⑩ 变更；⑪ 价格调整；⑫ 合同价格、计量与支付；⑬ 验收和工程试车；⑭ 竣工结算；⑮ 缺陷、责任与保修；⑯ 违约；⑰ 不可抗力；⑱ 保险；⑲ 索赔；⑳ 争议解决。

3. 专用合同条款

专用合同条款是合同当事人对通用合同条款进行的补充和完善。对专用合同条款的使用应当尊重通用合同条款的原则要求和权利义务的基本安排。

4. 施工合同文件的组成

构成施工合同文件的组成部分，除了协议书，通用条款和专用条款以外，一般还应该包括：中标通知书，投标书及其附件，有关的标准，规范及技术文件、图纸、工程量清单，工程报价或预算书等。但上述各个文件其优先顺序是不同的，原则上应把文件签署日期在后的和内容重要的排在前面，即更加优先。解释合同文件优先顺序的规定一般在合同通用条款内，可以根据项目的具体情况在专用条款内进行调整。按照《建设工程施工合同（示范文本）》GF—2017—0201 通用条款规定的优先顺序：

（1）合同协议书；

（2）中标通知书（如果有）；

（3）投标函及其附录（如果有）；

（4）专用合同条款及其附件；

（5）通用合同条款；

（6）技术标准和要求；

（7）图纸；

（8）已标价工程量清单或预算书；

（9）其他合同文件。

上述各项合同文件包括合同当事人就该项合同所作出的补充和修改，属于同一类内容的文件，应以最新签署的为准。

2.2.3.3　施工分包合同

施工分包合同又分为施工专业分包合同、施工劳务分包合同，其发包人一般是取得施工总承包合同的承包单位，在分包合同中仍沿用施工总承包合同中的名称，仍称为承包人，而分包合同的承包人一般是专业工程施工单位或劳务作业公司，在分包合同中一般称为分包人。

针对施工专业分包合同和施工劳务分包合同，其示范文本为《建设工程施工专业分包合同（示范文本）》GF—2003—0213 和《建设工程施工劳务分包合同（示范文本）》GF—2003—0214。

1. 施工专业分包合同

施工专业分包合同的合同结构、主要条款和内容与施工承包合同相似。分包合同内容的特点是，既要保持与主合同条件中相关分包工程部分的规定的一致性，又要区分负责实施分包工程的当事人变更后的两个合同之间的差异。其合同协议书模板如下：

协议书

承包人（全称）： ＿＿＿＿＿＿＿＿

分包人（全称）： ＿＿＿＿＿＿＿＿

依照《中华人民共和国合同法》《中华人民共和国建筑法》及其他有关法律、行政法规，遵循平等、自愿、公平和诚实信用的原则，鉴于（以下简称为"发包人"）与承包人已经签订施工总承包合同（以下称为"总包合同"），承包人和分包人双方就分包工程施工事项经协商达成一致，订立本合同。

一、分包工程概况

分包工程名称：

分包工程地点：

分包工程承包范围：

二、分包合同价款

金额：大写：人民币＿＿＿＿元，

　　　小写：＿＿＿＿元。

三、工期

开工日期：本分包工程定于＿＿年＿月＿日开工；

竣工日期：本分包工程定于＿＿年＿月＿日竣工；

合同工期总日历天数为：＿＿＿＿天。

四、工程质量标准

本分包工程质量标准双方约定为：＿＿＿

五、组成分包合同的文件包括：

1. 本合同协议书；

2. 中标通知书（如有时）；

3. 分包人的报价书；

4. 除总包合同工程价款之外的总包合同文件；

5. 本合同专用条款；

6. 本合同通用条款；

7. 本合同工程建设标准、图纸及有关技术文件；

8. 合同履行过程中，承包人和分包人协商一致的其他书面文件。

六、本协议书中有关词语的含义与本合同第二部分《通用条款》中分别赋予它们的定义相同。

七、分包人向承包人承诺，按照合同约定的工期和质量标准，完成本协议书第一条约定的工程（以下简称为"分包工程"），并在质量保修期内承担保修责任。

八、承包人向分包人承诺，按照合同约定的期限和方式，支付本协议书第二条约定的合同价款（以下简称"分包合同价"），以及其他应当支付的款项。

九、分包人向承包人承诺，履行总包合同中与分包工程有关的承包人的所有义务，并与承包人承担履行分包工程合同以及确保分包工程质量的连带责任。

十、合同的生效

合同订立时间：____年____月____日；

合同订立地点：_____

本合同双方约定_____后生效。

承包人：（公章）	分包人：（公章）
住所	住所
法定代表人：	法定代表人：
委托代理人：	委托代理人：
电话：	电话：
传真：	传真：
开户银行：	开户银行：
账号：	账号：
邮政编码：	邮政编码：

2. 施工劳务分包合同

劳务作业分包是指施工承包单位或者专业分包单位将其承包工程中的劳务作业发包给劳务分包单位完成的活动。根据《建筑业企业资质管理规定》等有关规定，劳务分包序列企业资质设 1～2 个等级，13 个资质类别。

劳务分包合同不同于专业分包合同，根据《建设工程施工劳务分包合同（示范文本）》GF—2003—0214，其重要条款有：

（1）劳务分包人资质情况；

（2）劳务分包工作对象及提供劳务内容；

（3）分包工作期限；

（4）质量标准；

（5）工程承包人义务；

（6）劳务分包人义务；

（7）材料、设备供应；

（8）保险；

（9）劳务报酬及支付；

（10）工时及工程量确认；

（11）施工配合；

（12）禁止转包或再分包。

2.3　园林绿化工程合同的签订、履行、变更、转让和终止

2.3.1　合同的签订

　　根据《合同法》的规定，合同的签订都需经过要约与承诺这两个阶段。建设工程项目绝大部分需要通过招标投标程序签订合同，而招标公告就是典型的要约邀请。当然，如不属于强制招投标的项目，其合同的签订，依当事人的自由意愿协商决定，像其他合同一样，通过要约与承诺的方式签订。

　　以建设工程施工合同为例，投标人根据招标文件内容在约定的期限内向招标人提交投标文件，为要约；招标人通过评标确定中标人，发出中标通知书，为承诺；招标人和中标人按照中标通知书，招标文件和中标人的投标文件等签订书面合同时，合同成立并生效。签订书面合同一般需经过：招标文件研究、合同条款内部分析、合同谈判及合同签订四个阶段，具体流程如图 2-1 所示。

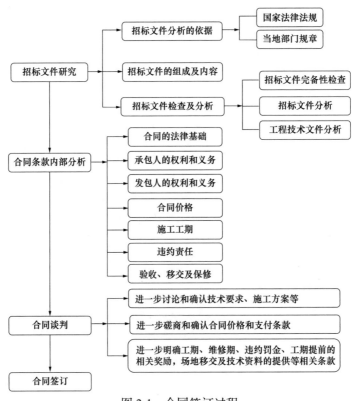

图 2-1　合同签订过程

2.3.2　合同的履行

　　合同签订后，合同中的各项任务的执行要落实到具体的项目经理部或具体的项目参与人员身上。在工程实施过程中要对合同的履行情况进行跟踪、控制和管理，以施工合同为例，园林工程施工合同的跟踪管理贯穿于园林工程的施工准备阶段、施工阶段和竣工阶段，如图 2-2 所示。

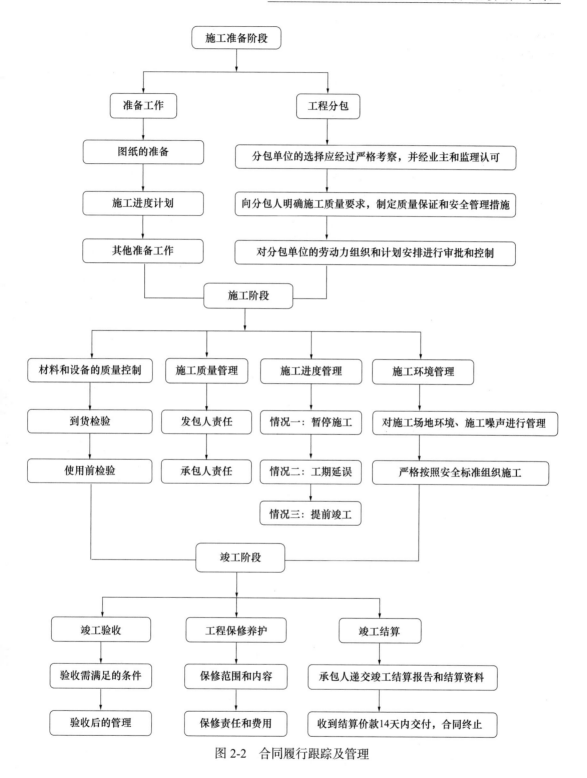

图 2-2 合同履行跟踪及管理

2.3.3 合同的变更

合同变更是指当事人对已经发生法律效力，但尚未完全履行的合同，进行修改或者补充所达成的协议。《合同法》第七十七条规定：当事人协商一致，可以变更合同。法律、行政法规规定变更合同应当办理批准、登记等手续的，依照其规定。在园林工程施工过程中，由于一些原因，可能需要对施工的程序、工程的内容、数量、质量要求等作出变更，如：业主有新的变更指令；工程环境的变化；政府部门对工程新的要求；合同实施出现问题，必须调整合同目标或修改合同条款等。由于工程合同签订的特殊性，需要有关部门的批准或登记，变更时需要重新登记或审批，因此变更园林绿化工程合同应遵循相应的法律程序，做好登记存档。

2.3.3.1　合同变更的特征

（1）协商一致是合同变更的必要条件，任何一方都不得擅自变更合同；

（2）合同变更必须在原合同履行完毕之前实施；

（3）合同变更只是在原合同存在的前提下对部分内容进行修改、补充、而不是对合同内容的全部变更。

2.3.3.2　变更合同时需注意的事项

（1）如果当事人的变更行为或变更内容不合法，则不能产生变更后的法律后果，即变更后的内容不能抵抗原有内容，原来的权利义务继续有效；

（2）有效的合同变更必须要有明确的合同内容的变更，《合同法》第七十八条规定：当事人对合同变更的内容不明确的，推定为未变更；

（3）对于重大误解、显失公平签订的合同，一方以欺诈、胁迫的手段或乘人之危，使对方在违背真实意愿的情况下签订的合同；约定违约金过分低于造成的损失或者过分高于造成的损失，可以请求人民法院或仲裁机构予以变更。

2.3.3.3　《合同法》约定中必须进行合同变更的条件

根据我国《建设工程施工合同（示范文本）》GF—2017—0201 第 10.1 条规定，除专用合同条款另有约定外，合同履行过程中发生以下情形的，应按照本条约定进行变更：

（1）增加或减少合同中任何工作，或追加额外的工作；

（2）取消合同中任何工作，但转由他人实施的工作除外；

（3）改变合同中任何工作的质量标准或其他特性；

（4）改变工程的基线、标高、位置和尺寸；

（5）改变工程的时间安排或实施顺序。

2.3.4　合同的转让

合同转让是指合同一方将合同的权利、义务全部或部分转让给第三人的法律行为。法律、行政法规规定转让权利或者转移义务应当办理批准、登记手续的，依照其规定。合同转让的实质就是在权利义务内容维持不变的情况下，使权利、义务的主体发生转移。其中，合同权利人转移的，称为合同权利转让；合同义务人转移的，称为合同义务转让；合同权利、义务同时转移的，称为合同的概括转让。

2.3.4.1　合同权利的转让

《合同法》规定，债权人可以将合同的权利全部或者部分转让给第三人，但有下列情形的除外：

（1）根据合同性质不得转让的。主要是指合同是基于特定当事人的身份关系订立的，如果合同权利转让给第三人，会使合同的内容发生变化，违反当事人订立合同的目的，使当事人的合法利益得不到应有的保护。如：根据个人信任而必须由特定人受领的债权，比如因雇佣合同而产生的债权；以特定的债权人为基础而发生的合同权利，比如演员的表演合同；

（2）按照当事人约定不得转让的。当事人订立合同时可以对权利的转让做出特别约定，禁止债权人将权利转让给第三人。这种约定只要是当事人真实意思的表示，同时不违反法律禁止性规定，即对当事人产生法律的效力；

（3）依照法律不得转让的。我国一些法律中对某些权利的转让做出了禁止性规定，如《中华人民共和国担保法》（以下简称《担保法》）第六十一条规定，"最高额抵押的主合同债权不得转让。"对于这些规定，当事人应当严格遵守，不得擅自转让法律禁止转让的权利。

2.3.4.2　合同义务的转让

根据《合同法》规定，债务人将合同的全部义务或者部分转移给第三人的，应当经债权人同意。合同义务转移分为两种情况：一种情况是合同义务的全部转移，在这种情况下，新的债务人完全取代了旧的债务人，新的债务人全面履行合同义务；另一种情况是合同义务的部分转移，即新的债务人加入到原债务中，与原债务人一起向债权人履行义务。无论是转移全部义务还是部分义务，债务人都需要征得债权人同意，未经债权人同意，债务人转移合同义务的行为对债权人不发生效力。

2.3.4.3　合同的概括转让

合同的概况转让是指权利和义务的一并转让，是合同一方当事人将其权利和义务一并转移给第三人，由第三人全部承受这些权利和义务。权利义务一并转让的后果，导致原合同关系的消灭，第三人取代了转让方的地位，产生出一种新的合同关系。只有经过对方当事人同意，才能将合同的权利和义务一并转让。如果未经对方同意，一方当事人擅自一并转让权利和义务的，其转让行为无效，对方有权就转让行为对自己造成的伤害，追究转让方的违约责任。

2.3.5　合同的终止和解除

2.3.5.1　合同的终止

合同的终止是指依法生效的合同，因具备法定的或当事人约定的情形，合同的债权、债务归于消灭，债权人不再享有合同的权利，债务人也不必再履行合同的义务。

《合同法》第九十一条规定，有下列情形之一的，合同的权利义务终止：

（1）债务已经按照约定履行；

（2）合同解除；

（3）债务相互抵消；

（4）债务人依法将标的物提存；

（5）债权人免除债务；

（6）债权债务同归于一人；

（7）法律规定或者当事人约定终止的其他情形。合同的权利义务终止后，当事人应当遵循诚实信用原则，根据交易习惯履行通知、协助、保密等义务。

2.3.5.2　关于合同的解除

1. 当事人解除合同条款

《合同法》第九十三条规定：当事人协商一致，可以解除合同；当事人可以约定一方解除合同的条件，解除合同的条件成就时，解除权人可以解除合同。《合同法》第九十四条规定，有下列情形之一的，当事人可以解除合同：

（1）因不可抗力致使不能实现合同目的；

（2）在履行期限届满之前，当事人一方明确表示或者以自己的行为表明不履行主要债务；

（3）当事人一方延迟履行主要债务，经催告后在合理期限内仍未履行；

（4）当事人一方延迟履行债务或者有其他违约行为致使不能实现合同目的；

（5）法律规定的其他情形。其中《合同法》第九十四条是法定解除，是法律直接规定解除合同的条件，当条件具备时，解除权人可直接行使解除权，而第九十三条是一种约定解除，是双方的法律行为，单方行为不能导致合同的解除。

2. 发包人请求解除建设工程施工合同条款

施工合同的解除可以分为发包人解除施工合同、承包人解除施工合同。根据《最高人民法院关于审理建设工程施工合同纠纷案件适用法律问题的解释》（以下简称《解释》）规定，承包人具有下列情形之一，发包人请求解除建设工程施工合同的，应予以支持：

（1）明确或者以行为表明不履行合同主要义务的；

（2）合同约定的期限内没有完工，且在发包人催告的合理期限内仍未完工的；

（3）已经完成的建设工程质量不合格，并且拒绝修复的；

（4）将承包的建设工程非法转包、违法分包的。

3. 承包人请求解除建设工程施工合同的

根据《解释》规定，发包人具有下列情形之一致使承包人无法施工，且在催告的合理期限内仍未履行相应义务，承包人请求解除建设工程施工合同的，应予以支持：

（1）未按约定支付工程价款的；

（2）提供的主要建筑材料、建筑构配件和设备不符合强制性标准的；

（3）不履行合同约定的协助义务的。

4. 建设工程施工合同解除后，已经完成的建设工程处理

建设工程施工合同解除后，已经完成的建设工程质量合格的，发包人应当按照约定支付相应的工程价款；已经完成的建设工程质量不合格的，按照以下情形分别处理：

（1）修复后的建设工程经竣工验收合格，发包人请求承包人承担修复费用的，应予支持；

（2）修复后的建设工程经竣工验收不合格，承包人请求支付工程价款的，不予支持。

2.4　工程担保制度

2.4.1　担保和担保合同

担保是为了保证债务的履行，确保债权的实现，在债务人的信用或特定财产之上设定的特殊的民事法律关系，是当事人根据法律规定或者双方约定，为促使债务人履行债务实现债权人权利的法律制度。其法律的特殊性表现在，一般的民事法律关系的内容基本处于一种确定的状态，而担保的内容处于一种不确定的状态，即当债务人不按主合同的约定履行债务导致债务无法实现时，担保的权利和义务才能确定并成为现实。

担保合同是主合同的从合同，担保合同的成立和存在必须以一定的合同关系的存在为前提，主合同无效，担保合同无效。担保合同另有约定的，按照约定。担保合同的从属性主要表现在以下四个方面：第一，成立上的从属性，即担保合同的成立应以相应的合同关系的发生和存在为前提，而且担保合同所担保的债务范围不得超过主合同债权的范围；第二，处分上的从属性，即担保合同应随主合同债权的移转而移转；第三，消灭上的从属性，即主合同关系消灭，为其所设定的担保合同关系也随之消灭；第四，效力上的从属性，担保合同的效力依主合同而定。担保合同的签订时间，可以是与主合同同时签订，也可以是主合同签订在先，担保合同随后签订。

2.4.2 担保方式

2.4.2.1 担保方式

《担保法》规定，担保的方式为：保证、抵押、质押、留置和定金。

在工程担保中，保证是最为常用的一种担保方式。保证担保，又称第三方担保，是指保证人和债权人约定，当债务人不能履行债务时，保证人按照约定履行债务或承担责任的行为。具有代为清偿债务能力的法人、其他组织或者公民，可以作保证人。

2.4.2.2 不能作为保证人的条款

（1）国家机关不得作为保证人，但经国务院批准为使用外国政府或者国际经济组织贷款进行转贷的除外。

（2）学校、幼儿园、医院等以公益为目的的事业单位、社会团体不得为保证人。

（3）企业法人的分支机构、职能部门不得为保证人。而企业法人的分支机构有法人书面授权的，可以在授权范围内提供保证。在工程建设活动中，由于担保标的额较大，保证人往往是银行，也有信用较高的其他担保人，如担保公司。银行出具的保证通常为保函，其他保证人出具的书面保证一般称为保证书。

2.4.3 工程担保种类

建设工程中经常采用的担保种类有：投标担保、履约担保、支付担保和预付款担保，主要担保形式有银行保函、保证金、担保公司担保和同业担保，见图 2-3。其中银行保函申请范例见表 2-4。

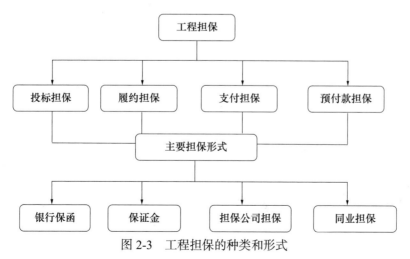

图 2-3 工程担保的种类和形式

银行保函申请　　　　　　　　　　　　　　　　　　　表 2-4

申请人		受益人	
企业名称		企业名称	
企业性质		法定地址	
法定地址		通讯地址	
通讯地址		法定代表人	
法定代表人			
营业执照编号及批准文号		营业执照编号及批准文号	
电话		电话	
申请担保的事项：			
保函开出的时间及有效期：		保函种类	
担保金额及币种　　　人民币		担保期限	
反担保形式　　　□保证金　　　□保证　　　□抵押　　　□质押			

2.4.3.1　投标担保

投标担保是指投标人向招标人提供的担保，其主要保证投标人在递交投标文件后不得撤销投标文件，中标后不得无正当理由不与招标人签订合同，在签订合同时不得向招标人提出附加条件，或者不按照招标文件要求提交履约担保。否则，招标人有权不予退还其提交的投标担保。

投标担保可以采用银行保函、担保公司担保书、同业担保书和投标保证金等担保方式，一般多采用投标保证金担保方式，具体方式由招标人在招标文件中规定。未能按照投标文件要求提供投标担保的投标，可被视为不响应招标而被拒绝。

国际上常见的投标担保的保证金数额为 2%～5%。根据《工程建设项目施工招标投标办法》规定，施工投标保证金的数额一般不超过投标总价的 2%，但最高不得超过 80 万元。投标人不按招标文件要求提交保证金的，该投标文件将被拒绝，作为废标处理。投标保证金除现金外，可以是银行出具的银行保函、保兑支票、银行汇票或者现金支票。

2.4.3.2　履约担保

履约担保是指招标人在招标文件中规定的要求中标的投标人提交的保证履行合同义务和责任的担保。这是工程担保中最重要也是担保金额最大的工程担保。

履约担保的有效期始于工程开工之日，终止日期则可以约定为工程竣工交付之日或者保修期满之日。由于合同履行期限应该包括保修期，履约担保的时间范围也应该覆盖保修期，如果确定履约担保的终止日期为工程竣工交付之日，则需要另外提供工程保修担保。

履约担保可以采用银行保函、履约担保书和履约保证金的形式，也可以采用同业担保的方式，即由实力强、信誉好的承包商为其提供履约担保，但应当遵守国家有关企业之间提供担保的有关规定，不允许两家企业互相担保或多家企业交叉互保。

履约担保在很大程度上促使承包商履行合同约定，完成工程建设任务，从而有利于保护业主的合法权益。一旦承包人违约，担保人要代为履约或赔偿经济损失。履约保证金额的大小取决于招标项目的类型与规模，但必须保证承包人违约时，发包人不受损失。

2.4.3.3　支付担保

支付担保是中标人要求招标人提供的保证履行合同中约定的工程款支付义务的担保。支付担保的形式通常有：银行保函、履约保证金、担保公司担保。发包人的支付担保实行分段滚动担保，支付担保的额度为工程合同总额的 20%～25%，本段清算后进入下段。已完成担保额度，发包人未能按时支付的，承包人可依据担保合同暂停施工，并要求担保人承担支付责任和相应的经济损失。

工程款支付担保的作用在于，通过对业主资信状况进行严格审查并落实各项担保措施，确保工程费用及时支付到位，一旦业主违约，付款担保人将代为履约。

在国际上还有一种特殊的担保——付款担保，即在有分包人的情况下，业主要求承包人提供的保证向分包人付款的担保，这种付款担保可以保证工程款真正支付给实施工程的单位和个人，如果承包人不能及时、足额地将分包工程款支付给分包人，业主可以向担保人索赔，并可以直接向分包人付款。

2.4.3.4　预付款担保

建设工程合同签订后，发包人往往会支付给承包人一定比例的预付款，一般为合同金额的 10%，如果发包人有要求，承包人应该向发包人提供预付款担保。预付款担保是指承包人与发包人签订合同后领取预付款前，为保证正确、合理使用发包人支付的预付款而提供的担保。

预付款担保可采用银行保函、担保公司担保或抵押等形式，担保金额通常与发包人的预付款是等值的。预付款一般逐月从工程付款中扣除，预付款担保的担保金额也相应逐月减少。承包人在施工期间，应当定期从发包人处取得同意此保函减值的文件，并送交银行确认。承包人还清全部预付款后，发包人应退还预付款担保，承包人将其退回银行注销，解除担保责任。

预付款担保的主要作用在于保证承包人能够按合同规定进行施工，偿还发包人已支付的全部预付金额。如果承包人中途毁约，中止工程，使发包人不能在规定期限内从应付工程款中扣除全部预付款，则发包人作为保函的受益人有权凭预付款担保向银行索赔该保函的担保金额作为补偿。

综上所述，工程担保制度是以经济责任链条建立起保证人与建设市场主体之间的责任关系，通过这种制约机制和经济杠杆，可以促使当事人提高素质，规范行为，保证工程质量、工期和施工安全。实践证明，工程担保制度对规范建设工程市场、防范风险特别是违约风险、降低行业的社会成本、保障工程建设的顺利进行等都有十分重要和不可替代的作用。

2.5　合同争议与索赔

2.5.1　园林绿化工程施工中的常见争议

2.5.1.1　工程价款争议

尽管合同中已约定了合同的计价方式和工程价款，但实际施工中会有很多变化，包括设计变更、现场地质地形变化、现场工程师签发的变更指令等引起的工程数量的增减，这种工程量的变化几乎在每个项目中都会遇到，承包商通常在每月申请工程进度付款报表中列出，希望得到额外付款，但常常因为与现场监理工程师有不同意见而遭拒绝或者拖延不决，经过日积月累，造成工程价款的差额较大，不愿承担额外费用的发包方和承包方之间将产生较大的分歧和争议。

此外，施工企业被拖欠巨额工程款已成为整个建设行业中屡见不鲜的事，一些发包人在资金尚未落实的情况下就开始园林工程的建设，要求承包商垫资施工，不支付预付款，拖延支付进度款和工程结算等，导致承包商的权益得不到保障，最终引起争议。

2.5.1.2　安全损害赔偿争议

安全损害赔偿争议包括相邻关系纠纷引发的损害赔偿、设备安全、施工人员安全、施工导致第三人安全、园林工程本身发生的安全事故等方面的争议。其中，相邻关系纠纷发生的频率越来越高，其牵涉主体和财产价值也越来越多，已成为城市居民十分关心的问题。根据《中华人民共和国建筑法》第三十九条：施工现场对毗邻的建筑物、构筑物和特殊作业环境可能造成损害的，建筑施工企业应当采取安全防护措施。

2.5.1.3　工期拖延争议

工期的延误，往往是由于许多错综复杂的原因造成的，在合同条款中一般都会约定竣工逾期违约金。但是由于工期延误的原因可能是多方面的，要分清各方的责任往往十分困难。有时，发包人要求承包商承担工程竣工逾期的违约责任，而承包商则提出诸多发包人原因及不可抗力等工期应相应顺延的理由，进而对于工期延长产生的停工、窝工等费用问题产生争议。

2.5.1.4　合同中止及终止争议

1. 由于合同中止可能造成的争议

（1）承包商因这种中止造成的损失得不到足够的补偿；

（2）发包人对承包商提出的就中止合同的补偿费用计算持有异议；

（3）承包商因涉及错误或发包人拖欠应支付的工程款而造成困难提出中止合同，而发包人不承认承包商提出的中止合同的理由，也不同意承包商的责难及补偿要求等。

2. 终止合同可能有以下几种情况

（1）属于承包商责任引起的终止合同；

（2）属于发包人责任引起的终止合同；

（3）不属于任何一方责任引起的终止合同；

（4）任何一方由于自身需要而终止合同。

终止合同一般都会给某一方或者双方造成严重的损害。如何合理处置终止合同后的双方的权利和义务，往往是这类争议的焦点。

2.5.1.5　工程质量及保修争议

工程质量方面的争议主要包括园林工程中所用材料不符合合同约定的技术标准要求，提供的设备性能和规格不符，或者是通过性能试验不能达到规定的质量要求，施工和安装有严重缺陷等。发包人要求拆除和移走不合格材料，或返工重做，或修理后降价处理，对于设备质量问题，拒绝验收，甚至要求退货并赔偿经济损失。而承包商则认为缺陷是可以改正的，对生产设备质量问题则认为是性能测试方法错误或是操作方面的问题。双方对于质量的争议往往演变成责任问题争议。

关于保修期的争议，往往发生在发包人要求承包人修复工程缺陷而承包人拖延修复，或发包人未经通知承包商就自行委托第三方对工程缺陷进行修复。发包人要在预留的保修金扣除相应的修复费用，承包商则主张产生缺陷的原因不在承包商或发包人未履行通知义务，且其修复费用未经其确认而不予同意。

2.5.2 合同争议的解决

在建设工程活动平等主体之间发生的以民事权利义务法律关系为内容的争议，诸如合同纠纷、损害赔偿纠纷等都属于民事纠纷。而民事纠纷的法律解决途径主要有四种：和解、调解、仲裁、诉讼。《合同法》规定，当事人可以通过和解或者调解解决合同争议。当事人不愿和解、调解或者和解、调解不成的，可以根据仲裁协议向仲裁机构申请仲裁。当事人没有订立仲裁协议或者仲裁协议无效的，可以向人民法院起诉。当事人应当履行发生法律效力的判决、仲裁裁决、调解书；拒不履行的，对方可以请求人民法院执行。

2.5.2.1 和解

和解是民事纠纷的当事人在自愿互谅的基础上，就已经发生的争议进行协商、妥协与让步并达成协议、自行解决纠纷的一种方式。和解可以在民事纠纷的任何阶段进行，无论是否已经进入诉讼或者仲裁程序。

需要注意的是，和解达成的协议不具有强制执行力，在性质上仍属于当事人之间的约定。如果一方当事人不按照和解协议执行，另一方当事人不可以请求法院强制执行，但可以要求对方就不执行该和解协议承担违约责任。

2.5.2.2 调解

调解是指双方当事人以外的第三方应纠纷当事人的请求，以法律、法规和政策或合同约定以及社会公德为依据，对纠纷双方进行疏导、劝说，促使他们相互谅解，进行协商，自愿达成协议，解决纠纷的活动。

我国一般调解的主要方式有：人民调解、行政调解、仲裁调解、司法调解、行业调解以及专业机构调解。

2.5.2.3 仲裁

仲裁是当事人根据在纠纷发生前或纠纷发生后达成的协议，自愿将纠纷提交第三方仲裁机构作出裁决，纠纷各方都有义务执行该裁决的一种解决纠纷的方式。仲裁机构和法院不同，仲裁机构通常是民间团体的性质，其受理案件的管辖权来自双方协议，没有协议就无权受理仲裁。仲裁解决民事纠纷的方式在国内和国际有相应的法律法规承认和执行，我国于1994年颁布《中华人民共和国仲裁法》，在国际上根据《承认和执行外国仲裁裁决公约》（简称《纽约公约》）仲裁裁决可以在缔约国得到承认和执行，而该公约已在1987年4月对中国生效。仲裁具有自愿性、专业性、独立性、保密性、快捷性等特点。

（1）自愿性。仲裁以当事人的自愿为前提，即是否将纠纷提交仲裁，向哪个仲裁委员会申请仲裁，仲裁庭如何组成，仲裁员的选择以及仲裁的审理方式、开庭形式等，都是在当事人自愿的基础上，由当事人协商确定。

（2）专业性。民商事仲裁往往涉及不同行业的专业知识，如建设工程纠纷的处理不仅涉及与工程建设有关的法律法规，还常常需要运用大量的工程造价、工程质量方面的专业知识，以及熟悉建筑业自身特有的交易习惯和行业惯例。仲裁机构的仲裁员是来自各行各业具有一定专业水平的专家，精通专业知识、熟悉行业规则，对公正高效处理纠纷，确保仲裁结果公正准确，发挥着关键作用。

（3）独立性。仲裁委员会独立于行政机关，与行政机关没有隶属关系。仲裁委员会之间也没有隶属关系。在仲裁过程中，仲裁庭独立进行仲裁，不受任何行政机关、社会团体和个人的干涉，也不受其他仲裁机构的干涉，具有独立性。

（4）保密性。仲裁以不公开审理为原则。同时，当事人及其代理人、证人、翻译、仲裁员、仲裁庭咨询的专家和指定的鉴定人、仲裁委员会有关工作人员也要遵守保密义务，不得对外界透露案件实体和程序的有关情况。因此，可以有效保护当事人的商业秘密和商业信誉。

（5）快捷性。仲裁实行一裁终局制度，仲裁裁决一经作出即发生法律效力。仲裁裁决不能上诉，这使得当事人之间的纠纷能够迅速得以解决。

2.5.2.4 诉讼

民事诉讼是指人民法院代表国家意志行使司法审判权，在当事人和其他诉讼参与人的参加下，以审理、裁判、执行等方式解决平等民事主体之间的纠纷。它具有公权力和强制性，只要原告的起诉符合法定条件，无论被告是否愿意，诉讼都会发生；对于法院的裁决，一方当事人不履行的，另一方当事人可以申请法院强制执行。民事诉讼还具有严格的程序性，在程序上，一般分为一审程序、二审程序和执行程序三大诉讼阶段，并非每个案件都要经过这三个阶段，有的案件一审就终结，有的经过二审终结，有的不需要启动执行程序，但如果案件要经历诉讼全过程，就要按照上述顺序依次进行。应当注意的是，建设工程施工合同纠纷适用地域管辖原则，即由被告住所地或合同履行地人民法院管辖。发包人和承包人也可根据《民事诉讼法》的规定，在发包人住所地，承包人住所地，合同签订地，施工行为地的范围内，通过协议确定管辖法院。总之，无论是法院还是当事人和其他诉讼参与人，都要严格按照法律规定的程序和方式实施诉讼行为。

2.5.3 工程索赔

索赔是指在合同履行过程中，当事人一方就对方不履行或不完全履行合同义务，或就可归责于对方的原因而造成的经济损失，向对方提出赔偿或者补偿要求的行为。

索赔是一种正当的权利要求，是合同当事人之间一项正常的而且普遍存在的合同管理业务，是一种以法律和合同为依据的合情合理的行为。工程索赔是承包人和发包人保护自身正当权益、弥补工程损失的重要手段。

2.5.3.1 索赔的起因

索赔可能由以下一个或几个方面的原因引起：

（1）合同对方违约，不履行或未能正确履行合同义务与责任；

（2）合同错误，如合同条文不全、错误、矛盾等，设计图纸、技术规范错误等；

（3）合同变更；

（4）工程环境变化，包括法律、物价和自然条件的变化等；

（5）不可抗力因素，如恶劣气候条件、地震、洪水、战争状态等。

2.5.3.2 索赔的分类

索赔的常见分类见图2-4。

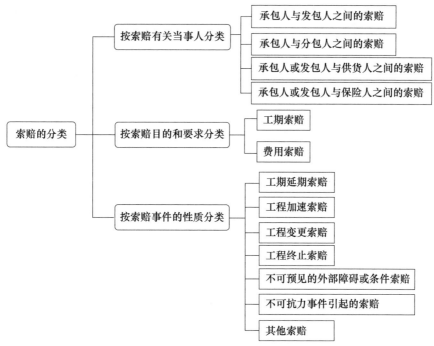

图 2-4　索赔的类型

2.5.3.3　索赔的程序

以承包人向发包人索赔为例，一般索赔的程序如下：

1. 索赔意向通知

在工程实施过程中发生索赔事件后，或者承包人发现索赔机会，首先要提出索赔意向，即在合同规定时间内将索赔意向用书面形式通知发包人或者工程师，向对方表明索赔愿望、要求，或者声明保留索赔权利，这是索赔工作程序的第一步。

索赔意向通知要简明扼要地说明索赔事由发生的时间、地点、简单事实情况描述和发展动态、索赔依据和理由、索赔事件的不利影响等。

2. 索赔资料的准备

在索赔资料准备阶段，主要工作有：

（1）跟踪和调查干扰事件，掌握事件产生的详细经过；

（2）分析干扰事件产生的原因，划清各方责任，确定索赔根据；

（3）损失或损害调查分析与计算，确定工期索赔和费用索赔值；

（4）搜集证据，获得充分而有效的各种证据，常见的索赔证据见表 2-5；

（5）起草索赔文件。

索赔证据类型及内容

表 2-5

序号	索赔证据种类	内容
1	各种合同文件	主要包括施工合同协议书及其附件、中标通知书、投标书、标准和技术规范、图纸、工程量清单、工程报价单或预算书、有关技术资料和要求、施工过程中的补充协议等
2	工程往来函件、通知、答复等	对与工程师、业主和有关政府部门、银行、保险公司的来往信函、通知、答复等必须认真保存，并注明发送和收到的详细时间

序号	索赔证据种类	内容
3	各种会议纪要	承包商、业主和工程师举行会议时要做好详细记录，对其主要问题形成会议纪要、并与会议各方签字确认
4	施工进度计划、方案、施工组织设计和现场实施情况记录	经过发包人或者工程师批准的承包人的施工进度计划（总进度、年进度、季进度、月进度计划等）、施工方案、施工组织设计和现场实施情况都必须妥善保管
5	施工日志、备忘录等	应指定有关人员现场记录施工日志，记录施工中发生的各种情况，包括天气、出工人数、设备数量及其使用情况、进度、质量情况、安全情况、工程师在现场的指示、有无特殊干扰施工的情况；将工程师和业主的口头或电话通知指示随时采取书面记录，并签字给予书面确认，形成备忘录。这些是索赔的重要证明文件，有利于及时发现和正确分析索赔
6	工程结算资料、财务报告、财务凭证等	设备、材料和零配件采购单，工程开支月报，工程成本分析资料、会计报表、财务报表、收付款票据等都应分类装订成册
7	工程照片和工程音像资料	这些是反映工程客观情况的真实写照，也是法律承认的有效证据，应妥善保存
8	气象报告和资料	保持一份如实、完整、详细的天气记录情况，包括气温、风力、雨雪等

3. 索赔文件的提交

提出索赔的一方应该在合同规定的时限内向对方提交正式的书面索赔文件。例如，FIDIC 合同条件和我国《建设工程施工合同（示范文本）》GF—2017—0201 都规定，承包人必须在发出索赔意向通知后的 28 天内或经过工程师同意的其他合理事件内向工程师提交一份详细的索赔文件和有关资料。如果干扰事件对工程的影响持续时间长，承包人则应按照工程师要求的合理间隔（一般为 28 天），提交中间索赔报告，并在干扰事件影响结束后 28 天内提交一份最终索赔报告。否则将失去就该事件请求补偿的索赔权利。索赔文件的主要内容一般包括：总述部分、论证部分、索赔款项计算部分、证据部分。

4. 索赔文件的审核

对于承包人向发包人的索赔请求，索赔文件首先应该交由工程师审核。工程师根据发包人的委托或授权，对承包人索赔进行审核，主要是判定索赔事件是否成立、核查承包人的索赔计算是否正确、合理两个方面，并可在授权范围内做出判断：初步确定补偿额度，或者要求补充证据，或者要求修改索赔报告等。对索赔的初步处理意见要提交发包人。

5. 发包人审查

对于工程师的初步处理意见发包人需要进行审查和批准，然后工程师才可以签发有关证书。如果索赔额度超过了工程师权限范围，应由工程师将审查的索赔报告报请发包人审批，并与承包人谈判解决。

6. 协商

对于工程师的初步处理意见，发包人和承包人可能都不接受或者其中的一方不接受，三方可就索赔的解决进行协商，达成一致，其中可能包括复杂的谈判过程，经过多次协商才能达成。如果经过努力无法就索赔事宜达成一致意见，则发包人和承包人可根据合同约定选择仲裁或者诉讼方式解决。

需要注意的是，索赔的成立，应同时具备以下三个前提条件：

第一，与合同对照，事件已造成了承包人工程项目成本的额外支出，或直接工期损失；

第二，造成费用增加或工期损失的原因，按合同约定不属于承包人的行为责任或风险责任；

第三，承包人按合同规定的程序和时间提交索赔意向通知和索赔报告。

以上三个条件必须同时具备，缺一不可。

2.5.3.4 索赔费用的计算

1. 索赔费用组成

索赔费用的主要组成部分，同工程款的计价内容相似，一般承包人可索赔的具体费用如图 2-5 所示。

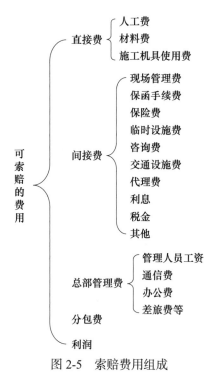

图 2-5 索赔费用组成

从原则上说，承包人有索赔权利的工程成本增加，都是可以索赔的费用。但是，对于不同原因引起的索赔，承包人可索赔的具体费用内容是不完全一样的。哪些内容可索赔，要按照各项费用的特点、条件进行分析论证。

2. 索赔费用的计算方法

（1）实际费用法。

实际费用法是计算工程索赔时最常用的一种方法。这种方法的计算原则是以承包人为某项索赔工作所支付的实际开支为依据，向业主要求费用补偿。

用实际费用法计算时，在直接费的额外费用部分的基础上，再加上应得的间接费和利润，即是承包人应得的索赔金额。由于实际费用法所依据的是实际发生的成本记录或单据，所以，在施工过程中，系统而准确地积累记录资料是非常重要的。

（2）总费用法。

总费用法就是当发生多次索赔事件以后，重新计算该工程的实际总费用，实际总费用减去投标报价时的估计总费用，即为索赔金额。

不少人对采用该方法计算索赔费用持批评态度，因为实际发生的总费用中可能包括了承包人的原因，如施工组织不善而增加的费用；同时投标报价估算的总费用也可能为了中标而过低。所以这种方法只有在难以采用实际费用法时才应用。

（3）修正的总费用法。

修正的总费用法对总费用法的改进，即在总费用计算的原则上，去掉一些不合理的因素，使其更合理。修正的内容如下：① 将计算索赔款的时段局限于受到外界影响的时间，而不是整个施工期；② 只计算受影响时段内的某项工作所受影响的损失，而不是计算该时段内所有施工工作所受的损失；③ 与该项工作无关的费用不列入总费用中；④ 对投标报价费用重新进行核算：按受影响时段内该项工作的实际单价进行计算，乘以实际完成的该项工作的工程量，得出调整后的报价费用。

修正的总费用法与总费用法相比，有了实质性的改进，它的准确程度已接近实际费用法。

2.5.3.5 工期索赔的计算

工期索赔，是指承包商依据合同对由于非自身的原因而导致的工期延误向业主提出的工期顺延要求。工期延误的后果是形式上的时间损失，实质上会造成经济损失。

工期索赔的计算方法有：直接法、比例分析法、网络分析法。

1. 直接法

如果某干扰事件直接发生在关键线路上，造成总工期的延误，可以直接将该干扰事件的实际干扰时间（延误时间）作为工期索赔值。

2. 比例分析法

如果某干扰事件仅仅影响某单项工程、单位工程或分部分项工程的工期，要分析其对总工期的影响，可以采用比例分析法。

可以按照工程量的比例进行分析，那么计算公式为：

$$工期索赔值 = 原工期 \times 新增工程量 / 原工程量$$

也可以按照造价的比例进行分析，那么计算公式为：

$$工期索赔值 = 原合同工期 \times 附加或新增工程造价 / 原合同总价$$

3. 网络分析法

在实际工程中，影响工期的干扰事件可能会很多，每个干扰事件的影响程度可能都不一样。有的直接在关键线路上，有的不在关键线路上，多个干扰事件的共同影响结果究竟是多少，可能会引起合同双方很大的争议，采用网络分析方法是比较科学的方法。

网络分析法的思路是：假设工程按照双方认可的工程网络计划确定的施工顺序和时间施工，当某个或几个干扰事件发生后，使网络中的某个工作或某些工作受到影响，使其持续时间延长或开始时间推迟，从而影响总工期，则将这些工作受干扰后的新的持续时间和开始时间等带入网络中，重新进行网络分析和计算，得到的新工期与原工期之间的差值就是干扰事件对总工期的影响，也就是承包商可以提出的工期索赔值。

2.5.4 反索赔

反索赔就是反驳、反击或者防止对方提出的索赔，不让对方索赔成功。因为索赔是双向的，业主和承包商都可以向对方提出索赔要求，任何一方也都可以对对方提出的索赔要求进行反驳和反击，这种反击和反驳就被称为反索赔。

针对一方的索赔要求，反索赔一方应以事实为依据，以合同为准绳，反驳和拒绝对方的不合理要求或索赔要求中的不合理部分。

2.6　合同风险管理与保险

2.6.1　合同风险管理

工程项目往往是在复杂的自然和社会环境中进行的，受众多因素的影响。由于我国目前园林工程市场尚不成熟，主体行为不规范的现象在一定范围内仍存在，在工程实施过程中技术、经济、环境、合同订立和履行等方面有诸多风险因素的存在。在这里我们主要讨论合同风险及其管理。

2.6.1.1　合同风险的分类

合同风险是合同中的以及由合同引起的不确定性。按照合同风险产生的原因分，可以分为合同工程风险和合同信用风险。

合同工程风险是指客观原因和非主观故意导致的，通常是由于项目外界环境发生了变化：

（1）工程所在国的政治经济环境发生变化，如战争、罢工、通货膨胀、汇率调整、物价上涨等；

（2）合同所依据的法律环境发生变化，如新的法律颁布，国家调整税率或增加新税种，在国际工程中，以工程所在国的法律为合同法律基础，对承包商的风险很大；

（3）自然环境变化，如百年不遇的洪水、地震台风等，以及工程水文、地质条件存在不确定性及其他可能存在的对项目的干扰因素。

合同信用风险是指主观导致的，表现为合同双方的机会主义行为：

（1）业主的资信和能力风险，如业主企业的经营状况恶化、濒临倒闭、支付能力差、撤走资金、恶意拖欠工程款等，再如业主经常改变主意，改变设计方案、施工方案，打乱工程施工秩序，非正常地干预工程但又不愿意给予承包商以合理补偿等。

（2）承包商的资信和能力风险，如承包商的技术能力、施工力量、装备水平和管理能力不足，没有合适的技术专家和项目管理人员；或是承包商信誉差，在投标报价和工程采购、施工中有欺诈行为；设计单位设计错误，不能及时交付设计图纸或者无力完成设计工作。

（3）合同双方的管理风险：合同双方对现场和周围环境条件缺乏足够和深入的调查，所订立的合同条款不严密、错误、二义性等，或分包层次太多，造成计划执行和调整、实施的困难等风险。

2.6.1.2　合同风险分配和管理

合同风险应在符合现代工程管理理念、符合工程惯例的基础上，按照效率原则和公平原则进行分配。

从工程整体效益出发，最大限度发挥双方的积极性，尽可能做到：

（1）谁最能有效地（有能力和经验）预测、防止和控制风险，或能有效地降低风险损失，或能将风险转移给其他方面，则应由他承担相应的风险责任；

（2）承担者控制相关风险是经济的，即能够以最低的成本来承担风险损失，同时他管理风险的成本、自我防范和市场保险费用最低，同时又是有效、方便、可行的；

（3）通过风险分配，加强责任，发挥双方管理和技术革新的积极性等。

应从以下几方面做到公平合理、责权利平衡：

（1）承包商提供的工程（或服务）与业主支付的价格之间应体现公平，这种公平通常以当地当时的市场价格为依据；

（2）风险责任与权利之间应平衡；

（3）风险责任与机会对等，即风险承担者同时应能享有风险控制获得的收益和机会收益；

（4）承担的可能性和合理性，即给风险承担者以风险预测、计划、控制的条件和可能性。

业主起草招标文件和合同条件，确定合同类型，对风险的分配起主导作用，有更大的主动权和责任。业主不能随心所欲地不顾主客观条件，任意在合同中增加对承包商的单方面约束性条款和对自己的免责条款，把风险全部推给对方，一定要理性分配风险。

只有合理地分配风险，才能最大限度地发挥合同双方风险控制和履约的积极性，减少合同的不确定性，从而使业主可以获得一个合理的报价，而承包商可以准确地计划和安排工程施工，整个工程的产出效益才可能会更好。

2.6.2　工程保险

工程保险是适用于工程领域的保险制度，它主要针对工程项目建设过程中可能出现的自然灾害和意外事故而造成的物质损失和依法应对第三者的人身伤亡和财产损失承担的赔偿责任提供保障的一种综合性保险。业主和承包商为了工程项目的顺利实施，以建设工程项目，包括建设工程本身、工程设备和施工机具以及与之有关联的人作为保险对象，向保险人支付保险费，保险人根据合同约定对建设过程中遭受自然灾害或意外事故所造成的财产和人身伤害承担赔偿保险金责任。

2.6.2.1　工程保险的特征

（1）特殊性：工程保险承保的风险具有特殊性，工程保险既承保被保险人的财产损失风险，同时还承保被保险人的责任风险。承保风险标的中的大部分暴露于风险之中，自身抵御风险的能力大大低于普通财产的标的。另外，工程在施工中始终处于一种动态的过程，而且存在大量的交叉作业，各种风险因素错综复杂，风险程度高。

（2）综合性：工程保险的主要责任范围一般由物质损失部分和第三者责任部分构成。同时工程保险还可以针对工程项目风险的具体情况提供运输过程中、人员工地外出过程中、保证期过程中各类风险的专门保障，是一种综合性保险。

（3）广泛性：普通财产保险的被保险人的情况较为单一，通常只有一个明确的被保险人，而工程保险在建设过程中可能涉及的当事人较多，关系相对复杂，业主、总承包商、分包商、设备和材料供应商、勘察设计商、技术部门、监理人、投资者、贷款银行等，均可能对项目拥有保险利益，成为被保险人。

（4）保险期限的不确定性：普通财险的保险期限相对较为固定，通常为一年。工程保险的保险期限一般是根据工期确定的，往往是几年，甚至十几年。工程保险期限的时点也是不确定的，是根据保险单和工程的具体情况确定的。为此，工程保险通常采用工期费率而较少采用年度费率。

（5）保险金额的变动性：普通财险的保险金额在保险期内是相对固定不变的，工程保险中的物质损失部分针对的标的实际价值在保险期限内是随着工程建设的进度不断增长的。所以保险期限内，不同时点的实际保险金额是不同的。

2.6.2.2　工程保险的种类

按照国家惯例以及国内合同范本的要求，施工合同的通用条款对于易发生重大风险事件的投保范围作了明确规定，投保范围包括工程一切险、第三者责任险、人身意外伤害险、承包人设备保险等。

（1）工程一切险：按照我国的保险制度，工程一切险包括建筑工程一切险、安装工程一切险两类。在施工过程中如果发生保险责任事件使工程本体受到损害，已支付进度款部分的工程属于项目法人的财产，尚未获得支付但已完成部分的工程属于承包人的财产，因此要求投保人办理保险时应以双方名义共同投保。为了保证保险的有效性和连贯性，国内工程通常由项目法人办理保险，国际工程一般要求承包人办理保险。

如果承包商不愿投保工程一切险，也可以就承包商的材料、机具设备、临时工程、已完工程等分别进行保险，但应征得业主的同意。一般来说，集中投保工程一切险，可能比分别投保的费用要少。有时，承包商将一部分永久工程、临时工程、劳务等分包给其他分包商，他可以要求分包商投保其分担责任的那一部分保险，而自己按扣除该分包价格的余额进行保险。

（2）第三者责任险：该项保险是指由于施工的原因导致项目法人和承包人以外的第三人受到财产损失或人身伤害的赔偿。第三者责任险的被保险人也应是项目法人和承包人，该险种一般附加在工程一切险中。在发生这种涉及第三方损失的责任时，保险公司将对承包商由此遭到的赔款和发生诉讼等费用进行赔偿。但是应当注意，属于承包商或业主在工地的财产损失，或其公司和其他承包商在现场从事与工作有关的职工的伤亡不属于第三者责任险的赔偿范围，而属于工程一切险和人身意外伤害险的范围。

（3）人身意外伤害险：为了将参与项目建设人员由于施工原因受到人身意外伤害的损失转移给保险公司，应对从事危险作业的工人和职员办理意外伤害保险。此项保险义务分别由发包人、承包人负责对本方参与现场施工的人员投保。

（4）承包人设备保险：保险的范围包括承包人运抵现场的施工机具和准备用于永久工程的材料及设备。我国的工程一切险包括此项保险内容。

（5）执业责任险：以设计人、咨询人（监理人）的设计、咨询错误或员工工作疏漏给业主或者承包商造成的损失为保险标的。

（6）CIP 保险：CIP 是 Controlled Insurance Programs 的缩写，意思是"一揽子保险"。CIP 是这几年新出现的险种，目前美国许多大的工程项目，如旧金山国际机场项目、菲尼克斯英特尔装配工厂项目，都采用了 CIP。CIP 保险的运行机制是，由业主或承包商统一购买"一揽子保险"，保障范围覆盖业主、承包商及所有分包商，内容包括劳工赔偿、雇主责任险、一般责任险、建筑工程一切险、安装工程一切险。承保 CIP 的保险商在工程现场设置安全管理顾问，并向承包商和分包商提供包括风险管理程序和与 CIP 相关表格的指南手册。在安全顾问的参与下，业主、承包商、分包商要制定相关的防损计划和事故报告程序，并在安全管理顾问的监督下严格贯彻实施。

第3章 园林绿化工程造价管理

3.1 建设项目的概念与划分

3.1.1 建设项目的概念

基本建设工程项目，是指在一个总体设计和初步设计范围内，由一个或几个单项工程组成，经济实行统一核算，行政上实行统一管理的建设单位。一般以一个企业（或联合企业）、事业单位或独立工程作为一个建设项目。

现有企业、事业单位按照规定使用基本建设投资单纯购置设备、工具、器具（包括车、船、飞机、勘探设备、施工机械等），不作为基本建设项目。全部投资在10万元以下的工程，国家不单独作为一个建设项目计算。

3.1.2 基本建设项目的分类

1. 按建设项目的性质不同分类

（1）新建项目，是指新开始建设的基本建设项目，或对原有项目重新进行总体设计，并使其新增的固定资产价值超过原有固定资产价值3倍以上的建设项目。新建项目是基本建设的主要形式。

（2）扩建项目，是指原有企业或单位为扩大原有产品的生产能力或效益，在原有固定资产的基础上增建的一些生产车间或其他固定资产的建设项目。

（3）恢复建设项目，是指原有固定资产因自然灾害、战争和人为灾害等原因遭受严重破坏，又投资重建的项目。

（4）迁建项目，是指由于生产布局或环境改变，安全生产的需要以及其他特殊原因，搬迁到另外地方进行建设的项目。

2. 按项目规模分类

按建设项目的规模和投资额划分，建设项目可分为大型、中型和小型三类。具体划分标准按国家规定标准执行。

3. 按行业性质和特点分类

（1）竞争性项目，是指投资效益比较高、竞争性比较强的建设项目。

（2）基础性项目，是指具有自然垄断性、建设周期长、投资额大而效益低的基础设施和需要政府重点扶持的一部分基础工业项目，以及能直接增强国力的符合经济规模的支柱产业项目。

（3）公益性项目，主要包括科技、文教、卫生、体育和环保等项目。

3.1.3 基本建设项目的划分

一个建设项目是一个配套完整的综合性产品，为适应工程管理和经济核算的要求，可按项目规模大小将建设项目划分为建设项目、单项工程、单位工程、分部工程、分项工程五个层次，如图 3-1 所示。

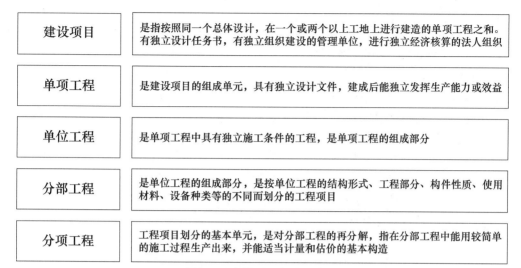

建设项目	是指按照同一个总体设计，在一个或两个以上工地上进行建造的单项工程之和。有独立设计任务书，有独立组织建设的管理单位，进行独立经济核算的法人组织
单项工程	是建设项目的组成单元，具有独立设计文件，建成后能独立发挥生产能力或效益
单位工程	是单项工程中具有独立施工条件的工程，是单项工程的组成部分
分部工程	是单位工程的组成部分，是按单位工程的结构形式、工程部分、构件性质、使用材料、设备种类等的不同而划分的工程项目
分项工程	工程项目划分的基本单元，是对分部工程的再分解，指在分部工程中能用较简单的施工过程生产出来，并能适当计量和估价的基本构造

图 3-1 建设项目划分示意图

注：分项工程是计算工料及资金消耗的最基本的构成要素，是概预算工程中一个基本的计量单元。工程造价文件的编制就是从分项工程开始的。

3.1.3.1 基本建设程序与计价文件的分类

基本建设程序，是指一个建设项目从酝酿提出到该项目建成或投入使用的全过程，各阶段建设活动的先后顺序和相互关系的法则。

目前我国建设项目的程序，一般可概括为建设前期、施工准备、施工、竣工验收等阶段，每一阶段中，又包含若干环节和不同的工作内容（图 3-2）。工程建设程序包括建设项目从设想、选择、评估、决策、设计、施工到竣工验收、投入使用、发挥效益的全过程。

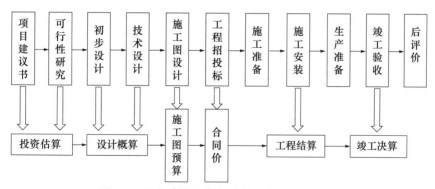

图 3-2 基本建设程序与计价文件对照示意图

1. 园林建设前期阶段

园林建设前期阶段：一般包括项目建议书、可行性研究、立项、设计工作四个阶段。

2. 园林建设施工准备阶段

园林绿化建设施工一般有自行施工、委托承包单位施工、群众性义务植树绿化施工等。项目开工前，要切实做好施工组织设计等各项准备工作。

3. 建设实施阶段（施工阶段）

施工企业根据设计要求，依照施工计划组织施工。努力做到按时、按质、按量地完成施工项目内容。

4. 技术维护、养护管理

现行园林建设工程，通常在施工竣工后需要对施工项目实施技术维护、养护一年至数年。项目维护、养护期间的费用执行园林养护管理预算。

5. 竣工验收阶段

竣工验收是园林建设工程的最后环节，是全面考核园林建设成果、检验设计和工程质量的重要步骤，一般也是园林建设转入对外开放使用的标志。

6. 项目后评价阶段

建设项目的后评价是工程项目竣工并使用一段时间后，对立项决策、设计施工、竣工等进行系统评价的一种技术经济活动，是固定资产投资管理的一项重要内容。通过项目评价总结经验、研究问题、肯定成绩、改进工作，不断提高决策水平。

3.1.3.2　基本建设计价文件的分类

1. 投资估算

投资估算是指在投资决策过程中，建设单位或建设单位委托咨询机构，对建设项目未来发生的全部费用进行预测和估算。经过批准的投资估算是工程项目造价的控制限额。

2. 设计概算

设计概算是指在初步设计阶段，在投资估算的控制下，由设计单位根据初步设计或扩大初步设计图纸及说明、概算定额或概算指标、设备材料价格等资料，编制确定的建设项目从筹备至竣工交付生产或使用所需全部费用的经济文件。

3. 施工图预算

施工图预算是在施工图设计完成后，工程开工前，由承包单位根据已审定的施工图和拟定的施工方案、预算定额、费用定额等预先计算建设费用的技术经济文件。

4. 工程结算

工程结算是指承包商按照合同约定和规定的程序，向建设单位（业主）办理已完工程价款清算的经济活动。工程进度款结算的方式有按月结算与支付、分段结算与支付。

5. 竣工决算

竣工决算是由建设单位编制的反映建设项目实际造价和投资效果的文件，是基本建设项目经济效果的全面反映。

3.2　园林绿化工程造价管理概述

3.2.1　园林绿化工程造价的含义

工程造价管理是指在项目实施的各个阶段，依据不同的目的，综合运用技术、经济、管理等手段对工程项目造价进行全过程、全方位的预测、优化、计算、分析等一系列活动的总和。

园林绿化工程计价的概念应从以下三个方面进行理解。

1. 工程计价是全过程的计价

工程计价不仅局限于工程项目招投标后的施工阶段，从项目构想到竣工验收整个阶段都必须开展的工程计价工作。对投资方而言设计阶段是造价控制的重点阶段。

2. 工程计价是全方位的计价

工程计价不单是工程建设中承发包双方的工作，政府、行业协会、中介机构等各方都需要进行工程计价工作，政府主管部门主要进行宏观指导和管理工作，行业协会、中介机构主要从技术角度进行专业化的业务指导、管理和服务。

3. 工程计价是技术与经济相结合的计价

工程计价是一项复杂的管理活动，不能仅从字面的释义来理解，认为就是数字的简单计算，实际上工程计价是通过技术比较、经济分析、效果评价得到最优方案，是涵盖了预测、优化、计算、分析等多种活动的一个管理过程。

3.2.2　园林绿化工程造价的计价特点

1. 单件性

园林绿化工程产品的特点是先销售后生产（来料加工、来样订货），与工业产品的区别是能否批量生产。

2. 多次性

每个园林绿化工程项目从决策开始到竣工验收完成要有不同的建设阶段，每个阶段都会产生一个造价，所以一个园林绿化工程项目会有多次计价，而每次计价的依据都会不同，所得的价格也不相等，一般上一级计价价格应大于下一级的计价价格。

3. 组合性

由于园林绿化工程计价的原理是先拆分，再分别计价，然后再综合，所以一个价格是几个部分合成的。

3.2.3　园林绿化工程费用项目组成

园林绿化工程费按照费用构成要素划分由人工费、材料费、施工机具使用费、企业管理费、利润、规费和税金组成。其中人工费、材料费、施工机具使用费、企业管理费和利润包含在分部分项工程费、措施项目费、其他项目费中，如图3-3所示。

3.2.3.1　人工费

人工费是指按工资总额构成的规定，支付给从事建筑安装工程施工的生产工人和附属生产单位工人的各项费用，内容包括：

（1）计时工资或计件工资；

（2）奖金；

（3）津贴补贴；

（4）加班加点工资；

（5）特殊情况下支付的工资。

3.2.3.2　材料费

材料费是指施工过程中耗费的原材料、辅助材料、构配件、零件、半成品或成品、工程设备的费用，内容包括：

（1）材料原价；

（2）运杂费；

（3）运输损耗费；

（4）采购及保管费。

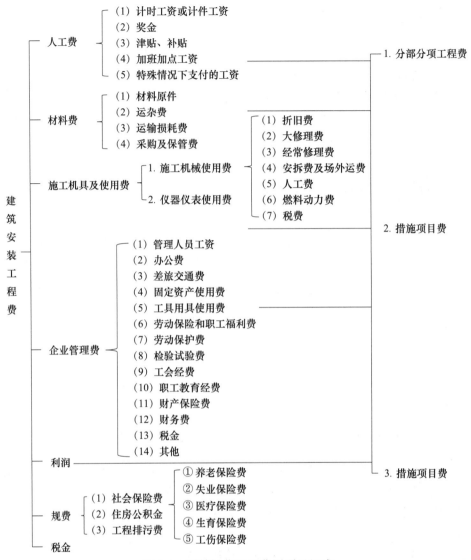

图 3-3　园林绿化工程费用项目组成

3.2.3.3　施工机具使用费

施工机具使用费是指施工作业所发生的施工机械、仪器仪表使用费或其租赁费。

1. 施工机械使用费

（1）折旧费：施工机械在规定的使用年限内，陆续收回其原值的费用。

（2）大修理费：施工机械按规定的大修理间隔台班进行必要的大修理，以恢复其正常功能所需的费用。

（3）经常修理费：施工机械除大修复以外的各级保养和临时故障排除所需的费用。

（4）安拆费及场外运费：安拆费指施工机械（大型机械除外）在现场进行安装与拆卸所需的人工、材料、机械和试运转费用以及机械辅助设施的折旧、搭设、拆除等费用；场外运费指施工机械整体或分体自停放地点运至施工现场或由一施工地点运至另一施工地点的运输、装卸、辅助材料及架线等费用。

（5）人工费：机上司机（司炉）和其他操作人员的人工费。

（6）燃料动力费：施工机械在运转作业中所消耗的各种燃料及水、电等。

（7）税费：施工机械按照国家规定应缴纳的车船使用税、保险费和年检费等。

2. 仪器仪表使用费

工程施工所需使用的仪器仪表的摊销及维修费用。

3.2.3.4 企业管理费

企业管理费是指建筑安装企业组织施工生产和经营管理所需的费用。

（1）管理人员工资。按规定支付给管理人员的计时工资、奖金、津贴补贴、加班加点工资及特殊情况下支付的工资等。

（2）办公费。企业管理办公用的文具、纸张、账表、印刷、邮电、书报、办公软件、现场监控、会议、水电、烧水和集体取暖降温（包括现场临时宿舍取暖降温）等费用。

（3）差旅交通费。职工因公出差、调动工作的差旅费、住勤补助费，市内交通费和误餐补助费，职工探亲路费，劳动力招募费，职工退休、退职一次性路费，工伤人员就医路费，工地转移费以及管理部门使用的交通工具的油料、燃料等费用。

（4）固定资产使用费。管理和试验部门及附属生产单位使用的属于固定资产的房屋、设备、仪器等的折旧、大修、维修或租赁费。

（5）工具用具使用费。企业进行施工生产和管理使用的不属于固定资产的工具、器具、家具、交通工具和检验、试验、测绘、消防用具等的购置、维修和摊销费。

（6）劳动保险和职工福利费。由企业支付的职工退职金、离休干部的经费、集体福利费、夏季防暑降温、冬季取暖补贴、上下班交通补贴等。

（7）劳动保护费。企业按规定发放的劳动保护用品的支出。如工作服、手套、防暑降温饮料以及在有碍身体健康的环境中施工的保健费用等。

（8）检验试验费。施工企业按照有关标准规定，对建筑以及材料、构件和建筑安装物进行一般鉴定、检查所发生的费用，包括自设试验室进行试验所耗用的材料等费用。不包括新结构、新材料的试验费，对于构件做破坏性试验及其他特殊要求检验试验的费用和建设单位委托检测机构进行检测的费用，对于此类检测发生的费用，由建设单位在工程建设其他费用中列支。但对施工企业提供的具有合格证明的材料进行检测不合格的，其检测费用由施工企业支付。

（9）工会经费。企业按《中华人民共和国工会法》规定的全部职工工资总额比例计提的工会经费。

（10）职工教育经费。企业按职工工资总额的规定比例计提，为职工进行专业技术和职业技能培训、专业技术人员继续教育、职工职业技能鉴定、职业资格认定，以及根据需要对职工进行各类文化教育所发生的费用。

（11）财产保险费。施工管理用财产、车辆等的保险费用。

（12）财务费。企业为施工生产筹集资金或提供预付款担保、履约担保、职工工资支付担保等所发生的各种费用。

（13）税金。企业按规定缴纳的房产税、车船使用税、土地使用税、印花税等。

（14）其他。其他费用包括技术转让费、技术开发费、投标费、业务招待费、绿化费、广告费、公证费、法律顾问费、审计费、咨询费、保险费等。

3.2.3.5 利润

利润是指施工企业完成所承包工程获得的营利。

3.2.3.6 规费

规费是指按国家法律、法规规定，由省级政府和省级有关权力部门规定必须缴纳或计取的费用，具体如下：

（1）社会保险费，包括养老保险费、失业保险费、医疗保险费、生育保险费、工伤保险费；

（2）住房公积金，即企业按规定标准为职工缴纳的住房公积金；

（3）工程排污费，即企业按规定缴纳的施工现场工程排污费。

3.2.3.7 税金

税金是指国家税法规定的应计入建筑安装工程造价内的增值税。

3.3 园林绿化工程造价的预算定额

3.3.1 定额的概念、性质与分类

定额就是在正常的施工条件下，完成一定计量单位的合格产品所必须消耗的劳动力、材料和施工机具的数量标准。正常的施工条件是指生产过程按生产工艺和施工验收规范操作，施工条件完善，劳动组织合理、物料齐全、机械正常，在这样的条件下确定完成单位合格产品的劳动工日数、材料和施工机具的用量，同时规定工作内容及其他要求，如图 3-4 所示。

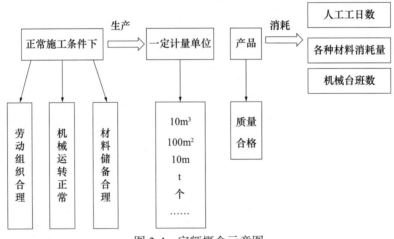

图 3-4 定额概念示意图

定额既是造价管理的依据，也能调动施工企业职工的生产积极性。一般来讲具有科学性、指导性、群众性、时效性与相对稳定性。

1. 科学性

各类定额都是在认真调研和总结生产实践经验的基础上运用科学的方法制定的。定额的内容是在大量收集的资料、大量测定和综合生产中的数据基础上，采用一套严密的、科学的编制定额的手段和方法形成的，反映了当前已经成熟的先进生产技术和先进生产组织方式，因此定额能够反映当前社会生产力水平。

2. 指导性

定额是由授权部门制定颁布的，在全国范围内或某一地域内使用。企业可以根据有关规

定来确定是否使用有关部门颁布的定额，但任何单位在使用时不得任意变更其内容和水平，在使用时如果项目缺少可以补充定额项目。政府颁布的定额对施工企业的造价计价具有指导性，施工企业可以采用定额进行计价，也可以参照定额和市场价格进行计价。

3. 群众性

定额的制定，要观测实际生产中的千万个数据，是在工人的直接参与下进行的。定额的水平反映施工企业工人的劳动生产能力水平，既具有一定的先进性，又能体现工人的诉求。同时，定额的执行也是在工人群众中进行，更离不开群众的参与。

4. 时效性与相对稳定性

随着科技水平的提高，社会生产力水平必然会提高，另外还有市场上物价的变化，使得定额中的各项指标必然会逐渐脱离实际，因此每一种定额都具有时效性，但定额不能朝定夕改，要保持一定的稳定性。只有当技术水平有较大提高，或者定额中的价格脱离实际太大，不得使用，原有定额不能适应生产需要时，授权部门才会更新定额，所以每隔若干年要更新一次定额。

工程建设中由于使用对象和目的的不同，定额的种类很多，按不同的标准有不同的分类，如图 3-5 所示。

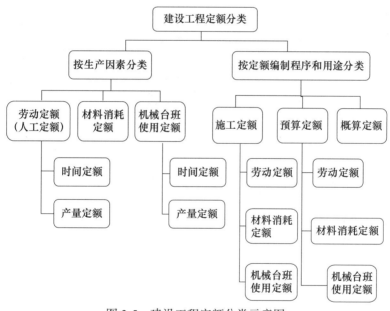

图 3-5　建设工程定额分类示意图

（1）按生产因素分类。

定额按生产要素可分为劳动定额、材料消耗定额、机械台班使用定额。国家颁布这 3 种定额作为其制定其他各种定额的基础，所以又称为全国统一基础定额。

（2）按编制程序和用途分类。

定额按编制程序和用途分为施工定额、预算定额、概算定额。一般后一种定额的一个项目是综合了前一种定额的若干个项目得到的，步距较大，比较概括。

（3）按编制单位和执行范围分类。

定额按编制单位和执行范围分为全国统一定额、地区定额、企业额定。全国统一定额由国家造价管理部门颁布，在全国通知，一般作为各省区和施工企业制订定额的基础；地区定额在一定的区域通常是省级区域内使用，由各省级造价管理部门颁布；企业定额由各企业根据自身的管理和工人技术水平以全国统一定额为基础，参考地区定额制定，或者补充地区定额中缺少的项目，与地区定额共同使用，用于企业市场竞争报价和施工管理。

（4）按专业不同分类。

定额按专业不同分为建筑工程定额、安装工程定额、仿古建筑工程定额、园林绿化工程定额、市政工程定额、装饰工程定额等。

3.3.2　园林绿化工程预算定额的概念

园林绿化工程预算定额是在正常的施工条件下，完成一定计量单位的分项工程或结构构件所必须消耗的人工、材料、机械台班的数量标准。

3.3.3　预算定额的编制

3.3.3.1　预算定额的编制原则

1. 技术先进

编制定额既要结合历年定额水平，又要考虑发展趋势，制定符合社会发展需要的定额。所谓技术先进是指定额的确定、施工方法和材料的选择等应采用已成熟并推广的新结构、新材料、新技术和先进管理方式。

2. 经济合理

在正常施工条件下，定额项目中的各项消耗量指标要以社会平均的劳动强度、劳动熟练程度技术装备来确定，使定额起到鼓励先进，推动企业提高劳动生产效率的作用。

3. 简明实用

预算定额的内容和形式要简明扼要，层次结构清楚严谨，并使用方便。因此，定额项目的划分、计量单位的选择、定额工程量计算规则等应在保证定额消耗指标相对准确的前提下适当综合扩大，让定额恰当并简单明了，使定额在形式和内容上具有多方面的适应性。

各种定额指标应尽量做到严格统一，但对于情况变化较大并且影响定额水平幅度大的项目应允许调整换算。

3.3.3.2　预算定额的编制依据

（1）现行全国统一劳动定额、材料消耗定额、机械台班定额和现行的预算定额及其编制过程中的基础资料。

（2）现行的设计、施工及验收规范，质量评定标准和安全操作规程。

（3）标准图集、定形设计图纸和有代表性的设计图纸或图集。

（4）有关科学实验技术测定和可靠的统计资料。

（5）已推广的新结构、新材料、新技术、新工艺和先进管理经验的资料。

（6）现行的人工工资标准和材料预算价格及机械台班费标准。

3.3.3.3　预算定额的编制步骤

1. 准备工作阶段

（1）由工程建设定额管理部门主持，成立编制预算定额的领导机构和专业小组。

（2）拟定编制预算定额的工作方案，提出基本要求，确定编制原则、适用范围、项目划分及预算定额表格形式等。

（3）调查研究，收集编制依据和资料。

2. 编制初稿阶段

（1）对调查和收集到的资料进行分析研究。

（2）按编制方案中项目划分的规定和所选定的典型施工图计算出工程量，并根据确定的各项消耗量指标和有关编制依据，计算分项定额中的人工、材料和机械台班消耗量，编制出预算定额项目表。

（3）测定预算定额水平。预算定额初稿编出后，应将新编预算定额与原预算定额进行比较，测算新预算定额水平是提高还是降低，并分析原因。

3. 修改和审查阶段

组织基本建设有关部门讨论初稿，将征求的意见交编制小组重新修改定稿，并写出预算定额编制说明和送审报告，连同预算定额送审稿报送主管机关审批。

3.3.4 预算定额人工、材料、机械台班消耗量指标的确定

3.3.4.1 预算定额计量单位的确定

在确定预算定额计量单位时，首先应考虑该单位能否反映单位产品的人工、材料、机械台班；其次，要有利于减少定额项目，最后要有利于简化工程量计算和整个预算定额的编制工作，保证预算定额编制的准确性、综合性和及时性。

3.3.4.2 预算定额人工、材料、机械台班消耗量指标的确定

根据基础定额人工、材料、机械台班消耗量来确定预算定额人、材、机消耗量指标。

1. 人工工日消耗指标的确定

预算定额中的人工工日消耗指标是指完成该分项工程必须消耗的各种用工，包括基本用工、辅助用工、超运距用工、人工幅度差。

（1）基本用工。完成分项工程的主要用工。如墙体砌筑分项工程中，调运砂浆、运砖、铺砂浆、砌砖等的用工。

（2）其他用工。指技术工种劳动定额中不包括而预算定额内又必须考虑的工时，其内容包括辅助工、超运距用工、人工幅度差，如图3-6所示。

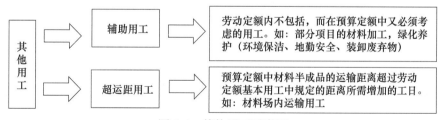

图 3-6 其他用工示意图

（3）人工幅度差。指在劳动定额中未包括，而在正常施工情况下不可避免的，但又无法计量的用工。如各工种间工序搭接的停歇、交叉作业相互影响、隐蔽工程验收、各种工程检查、操作地点转移等消耗的工时。计算方法见式如下：

人工幅度差＝（基本用工＋辅助用工＋超运距用工）× 人工幅度差系数

式中，人工幅度差系数由国家统一规定，一般为 10%～15%。

2. 材料消耗指标的确定

预算定额材料分类包括主要材料、辅助材料、次要材料、周转性材料，如图3-7所示。

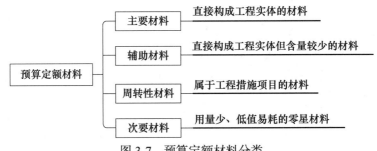

图 3-7　预算定额材料分类

3. 机械台班消耗指标的确定

（1）预算定额中以使用机械为主的项目，应考虑一定的机械幅度差。机械幅度差是指在合理的施工组织条件下机械的停歇时间，包括：机械转移损失时间；不可避免的工序间歇；初期条件所限的工效差，结尾时工程量不饱满损失的时间；检查工程质量影响机械操作时间；冬期施工发动机械的损失时间等。计算方法如下：

$$预算定额机械台班消耗指标＝基础定额机械台班消耗量＋机械台班幅度差$$
$$＝基础定额机械台班消耗量×（1＋机械幅度差系数）$$

（2）大型机械的幅度差系数规定为：土石方机械 25%，吊装机械 30%，打桩机械 33%，其他专用机械如打夯、钢筋加工、木工、水磨石等幅度差系数为 10%。

3.3.5　预算定额人工、材料、机械台班单价

3.3.5.1　人工工日单价的确定

人工工日单价是指施工企业平均技术熟练程度的生产工人在每个工作日（国家法定工作时间内）按规定从事施工作业应得的全部劳动报酬。它基本反映了该地区建筑生产工人的工资水平。

人工工日单价按照住房和城乡建设部、财政部印发的《建筑安装工程费用项目组成》（建标〔2013〕44 号）的规定，可按以下两种方法确定。

1. 按市场价综合分析确定

工程造价管理机构确定日工资单价应通过市场调查、根据工程项目的技术要求，参考实物工程量人工单价综合分析确定，最低日工资单价不得低于工程所在地人力资源和社会保障部门所发布的最低工资标准：普工 1.3 倍、一般技工 2 倍、高级技工 3 倍。

工程计价定额不可只列一个综合工日单价，应根据工程项目技术要求和工种差别适当划分多种日工资单价，确保各分部工程人工费的合理构成。

2. 按人工日工资单价组成内容确定

$$日工资单价＝\frac{生产工人平均月工资（计时、计件）＋均月（奖金＋津贴补贴＋特殊情况下支付的工资）}{年平均每月法定工作日}$$

生产工人的人工日工资单价由以下内容组成。

（1）计时工资或计件工资。指按计时工资标准和工作时间或对已做工作按计件单价支付给个人的劳动报酬。

（2）奖金。指对超额劳动和增收节支支付给个人的劳动报酬，如节约奖、劳动竞赛奖等。

（3）津贴补贴。指为了补偿职工特殊或额外的劳动消耗和因其他特殊原因支付给个人的津贴，以及为了保证职工工资水平不受物价影响支付给个人的物价补贴。如流动施工津贴、特殊地区施工津贴、高温（寒）作业临时津贴、高空津贴等。

（4）加班加点工资。指按规定支付的在法定节假日工作的加班工资和在法定日工作时间外延时工作的加点工资。

（5）特殊情况下支付的工资。指根据国家法律、法规和政策规定，因病、工伤、产假、计划生育假、婚丧假、事假、探亲假、定期休假、停工学习、执行国家或社会义务等原因按计时工资标准或计时工资标准的一定比例支付的工资。

3.3.5.2 材料预算价格的确定

1. 材料预算价格的概念

材料预算价格是指材料由其来源地（或交货地点）运到施工工地仓库或堆放场地后的出库价格，包括订货、采购、装卸、运输、保管等全过程所发生的一切费用，如施工过程中耗费的原材料、辅助材料、构配件、零件、半成品或成品、工程设备等的费用。

2. 材料预算价格的构成及各项费用的确定

材料预算价格的构成及各项费用的确定，见表3-8。

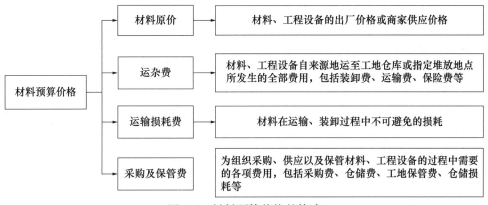

图3-8 材料预算价格的构成

采购及保管费一般按材料到库价格乘以采保费率确定。计算方法如下：

$$采购及保管费＝材料到库价格×采保费率$$

式中，采保费率为2.5%（其中采购费率为1%，保管费率为1.5%）。

综上所述，材料预算价格计算如下：

$$材料预算单价＝[（材料原价＋运杂费）×（1＋运输损耗率）]$$
$$×[1＋采购保管费率（\%）]$$

3. 影响材料价格变动的主要因素

影响材料价格变动的主要因素有：供求关系、生产成本、流通环节、供应体制、运输距离与运输方法、国际市场行情等。

3.3.5.3 施工机械台班单价的确定

施工机械台班单价，是指一台施工机械在正常运转条件下，一个工作台班所支出和分摊的各项费用之和。

施工机械台班单价应由下列7项费用组成。

（1）折旧费。指施工机械在规定的使用年限内，陆续收回其原值的费用。

$$台班折旧费＝机械预算价格 × (1 － 残值率) / 耐用总台班$$

耐用总台班是指机械从开始投入使用至报废前所使用的总台班数。

$$耐用总台班＝使用年限 × 年工作台班$$

残值率按规定使用：运输机械 2%、特大型施工机械 3%、中小型机械 4%、掘进机械 5%。

（2）大修理费。指施工机械按规定的大修理间隔台班进行必要的大修理，以恢复其正常功能所需的费用。

$$台班大修理费＝(一次大修理费 × 寿命期大修次数) / 耐用总台班$$

（3）经常修理费。指施工机械除大修理以外的各级保养和临时故障排除所需的费用，包括为保障机械正常运转所需替换设备与随机配备工具附具的摊销和维护费用，机械运转中日常保养所需润滑与擦拭的材料费用及机械停滞期间的维护和保养费用等。

$$台班经常修理费＝大修理费 × K$$

（4）安拆费及场外运费。安拆费指施工机械（大型机械除外）在现场进行安装与拆卸所需的人工、材料、机械和试运转费用以及机械辅助设施的折旧、搭设、拆除等费用；场外运费指施工机械整体或分体自停放地点运至施工现场或由一施工地点运至另一施工地点的运输、装卸、辅助材料及架线等费用。

$$台班安拆费＝(机械一次安拆费 × 年平均安拆次数) / (年工作台班 ＋ 辅助设施分摊费)$$

$$场外运输费用＝[(一次运输及装卸费用 ＋ 辅助材料一次摊销) × 年运输次数] / 年工作台班$$

（5）人工费。指机上司机（司炉）和其他操作人员的人工费。

$$台班人工费＝机上操作人员人工工日数 × 人工工日单价$$

（6）燃料动力费。指施工机械在运转作业中所消耗的各种燃料及水、电等。

$$台班燃料动力费＝台班燃料动力消耗量 × 预算单价$$

（7）税费。指施工机械按照国家规定应缴纳的车船使用税、保险费及年检费等。

$$台班税费＝(年车船使用税 ＋ 保险费 ＋ 年检费) / 年工作台班$$

$$施工机械台班单价＝台班折旧费 ＋ 台班大修费 ＋ 台班经常修理费 ＋ 台班安拆费及$$
$$场外运费 ＋ 台班人工费 ＋ 台班燃料动力费 ＋ 台班车船税费$$

工程造价管理机构在确定计价定额中的施工机械使用费时，应根据《建筑施工机械台班费用计算规则》结合市场调查编制施工机械台班单价。

$$仪器仪表使用费＝工程使用的仪器仪表摊销费 ＋ 维修费$$

3.4　施工图预算的编制

3.4.1　施工图预算编制概述

3.4.1.1　施工图预算的概念

施工图预算即建筑产品的计划价格，是在工程开工前，根据施工图纸，结合施工方案（或施工组织设计），依据国家或地区现行的预算定额、费用定额和地区人、材、机等资源价格，按照规定的计算程序编制的工程造价文件。

施工图预算既可以是按照政府统一规定的预算单价、取费标准、计价程序计算而得到的属于计划或预期性质的施工图预算价格，也可以是通过招标投标法定程序，施工企业根据企业定额、市场价格以及市场供求及竞争状况计算得到的反映市场性质的预算价格。

3.4.1.2 施工图预算的编制依据

1. 法律、法规及有关规定

涉及预算编制的国家、行业和地方政府发布的有关政策、法律、法规、规程等。

2. 设计资料

设计资料主要包括施工图纸及说明书和有关标准图集、图纸会审纪要等资料，是编制施工图预算的基本依据。因为施工图上不可能反映全部局部构造细节，工程量计算时往往要借助于有关的标准图册、通用图集和建设场地的地质勘测报告等资料。

3. 预算资料

预算资料主要包括工程量计算规则、预算定额、取费标准和有关动态调价规定。计算工程量时，必须按工程量计算规则计算工程数量，分部分项工程名称应与现行定额子目的名称、计量单位一致。预算定额是编制直接费的依据，取费程序和管理费、利润、税金等按建设工程取费标准规定的费率计算。

4. 施工组织设计或施工方案

施工组织设计是施工企业对施工生产的方案、进度、施工方法、机械配备、现场平面布置等做出的设计。经合同双方批准的施工组织设计，是编制施工图预算的依据。施工组织设计或施工方案对工程造价影响较大，必须根据实际情况，编制技术先进、科学、合理的施工方案，降低工程造价。招标控制价的编制也是按照国家标准和通用的施工方案来考虑的。

5. 材料价格

建筑工程要耗用大量材料，及时掌握各地工程造价管理部门发布的材料价格信息，合理确定材料价格，是正确计价所必需的。

6. 招标文件和施工合同

招标文件中一般规定了工程范围和内容、承包方式、物资供应、工程质量、工期等。

3.4.1.3 施工图预算的文件组成

施工图预算文件由封面、签署页及目录、编制说明、总预算表、其他费用计算表、单项工程综合预算表、单位工程预算表等组成。

3.4.2 施工图预算的编制

3.4.2.1 准备工作

园林施工图预算编制一般程序，如图 3-9 所示。

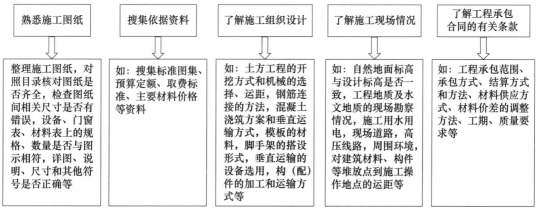

图 3-9 施工图预算编制程序示意图

1. 熟悉施工图纸

熟悉图纸不但要搞清楚图纸的内容，而且要对图纸进行审核：整理施工图纸，对照目录核对图纸是否齐全，检查图纸间相关尺寸是否有错误，设备、门窗表、材料表上的规格、数量是否与图示相符，详图、说明、尺寸和其他符号是否正确等。若发现问题应及时通过图纸会审、设计交底提前解决。

2. 搜集依据资料

主要搜集标准图集、预算定额、取费标准、主要材料价格等资料。

3. 了解施工组织设计

在编制预算时，应了解施工组织设计中影响工程造价的有关内容，如土方工程的开挖方式和机械的选择、运距，钢筋连接的方法，混凝土浇筑方案和垂直运输方式，模板的材料，脚手架的搭设形式，垂直运输的设备选用，构（配）件的加工和运输方式等，以便正确计算工程量和套用定额。

4. 了解施工现场情况

施工现场情况包括：自然地面标高与设计标高是否一致，工程地质及水文地质的现场勘察情况，施工用水用电，现场道路，高压线路，周围环境，对建筑材料、构件等堆放点到施工操作地点的运距等，凡是属于建设单位责任范围内而未能及时解决的，并且委托施工单位代处理的，施工单位应单独编制预算，或办理签证。

5. 了解工程承包合同的有关条款

主要了解工程承包范围、承包方式、结算方式和方法、材料供应方式、材料价差的调整方法、工期、质量要求等。

3. 4. 2. 2　编制方法及步骤

施工图预算的编制方法有工料单价法和综合单价法，工料单价法是传统的定额计价模式下的编制方法，而综合单价法是适应市场经济条件的工程量清单计价模式下的施工图预算编制方法。

1. 工料单价法

工料单价法是指以分部分项工程的单价为直接工程费单价，以分部分项工程量乘以分部分项工程单价后的合计为单位直接工程费，直接工程费汇总后另加措施费、间接费、利润、税金形成施工图预算造价。

根据分部分项工程单价产生的不同方法，工料单价法又可以分为：预算单价法和实物法。

（1）预算单价法。

预算单价法就是采用预算定额表中各分项工程基价乘以相应的各分项工程的工程量，计算出单位工程直接工程费，然后根据统一规定的费率乘以相应的计费基数，计算出该工程的组织措施费、间接费、利润、税金，最后汇总以上各项费用即为该工程施工图预算造价。

采用预算单价法编制施工图预算的基本步骤见图 3-10。

（2）实物法。

实物法编制施工图预算就是根据施工图纸、国家或地区颁发的预算定额，计算各分项工程量，用工程量分别乘以预算定额单位计量的人工、材料、机械台班消耗量，计算出各分项工程的人工、各种材料、机械台班的数量；将各分项工程的人工、材料、机械台班按照工种、材料种类规格、机械种类规格分别汇总得出单位工程的人、材、机的总消耗数量，然后再乘以当时、当地人工工日单价，各种材料、施工机械台班单价，即为单位工程的人工费、材料费、机械费；最后按有关规定记取措施费、间接费、利润、税金等，汇总以上各项费用即为该工程的造价。

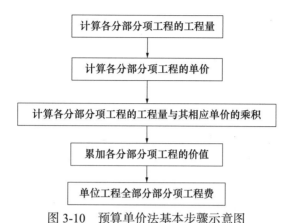

图 3-10　预算单价法基本步骤示意图

实物法编制施工图预算的具体步骤见图 3-11。

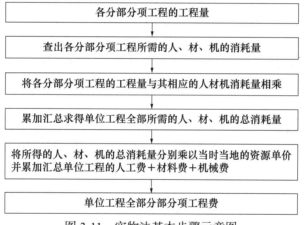

图 3-11　实物法基本步骤示意图

2. 综合单价法

综合单价法是指分项工程单价综合了直接工程费及以外的多项费用，按照单价综合的内容不同，综合单价法可分为全费用综合单价和部分费用综合单价。

（1）全费用综合单价。

全费用综合单价即单价中综合了分项工程人工费、材料费、机械费、管理费、利润、规费，以及有关文件规定的调价、税金和一定范围的风险等全部费用。将各分项工程量乘以全费用综合单价的合价汇总后，再加上措施项目的完全价格，就生成了单位工程造价。

（2）部分费用综合单价。

部分费用综合单价即单价中综合了分项工程人工费、材料费、机械费、管理费、利润，并考虑了一定范围的风险费用，未包括措施费、规费和税金，因此它是一种不完全单价，将各分项工程量乘以部分费用综合单价的合价汇总后，再加上措施项目费、规费和税金，就生成了单位工程造价。工程量清单计价就是采用部分费用综合单价法计价。

3.5　工程量清单计价

3.5.1　工程量清单计价概述

3.5.1.1　基本概念

1. 工程量清单

载明建设工程分部分项工程项目、措施项目、其他项目的名称和相应数量以及规费、税金项目等内容的明细清单。

2. 工程量清单计价

按照工程量清单计价规范的规定，完成工程量清单所需的全部费用，包括分部分项工程费、措施项目费、其他项目费和规费、税金等。

3. 综合单价

完成一个规定计量单位的分部分项工程量清单项目或措施清单项目所需的人工费、材料费、施工机械使用费和企业管理费、利润，以及一定范围内的风险费用。

3.5.1.2　《建设工程工程量清单计价规范》的主要内容

《建设工程工程量清单计价规范》相关内容如下：

1. 总则

全部使用国有资金投资或国有资金投资为主的工程建设项目，必须采用工程量清单计价。建设工程工程量清单计价活动应遵循客观、公正、公平的原则。建设工程工程量清单计价活动，除应遵循本规范外，还应符合国家有关法律、法规及标准、规范的规定。

规范中要求强制执行的 4 个统一：

（1）统一的分部分项工程项目名称；

（2）统一的计量单位；

（3）统一的工程量计算规则；

（4）统一的项目编码。

2. 术语

（1）工程量清单。

建设工程的分部分项工程项目、措施项目、其他项目、规费项目和税金项目的名称和相应数量等的明细清单。

（2）项目编码。

项目编码采用十二位阿拉伯数字表示。一至九位为统一编码，其中，一、二位为附录顺序码，三、四位为专业工程顺序码，五、六位为分部工程顺序码，七、八、九位为分项工程项目名称顺序码；十至十二位为清单项目名称顺序码（图 3-12）。

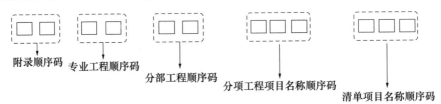

图 3-12　项目编码示意图

举例：栽植香樟的项目编码为050102001001，编码含义如图 3-13 所示。

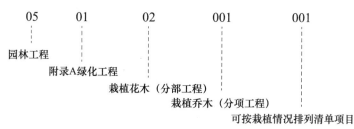

图 3-13 某工程项目编码含义图

编制工程量清单时，如出现规范附录中未包括的清单项目时，编制人应做补充。具体做法如下：补充项目的编码由园林绿化工程的代码 05 与 B 和三位阿拉伯数字组成，并应从 05B001 起顺序编制。

（3）综合单价。

综合单价是完成一个规定计量单位的分部分项工程量清单项目或措施清单项目所需的人工费、材料费施工机械使用费、企业管理费与利润，以及一定范围内的风险费用。

（4）措施项目。

措施项目是为完成工程项目施工，发生于该工程施工准备和施工过程中技术、生活、安全、环境保护等方面的非工程实体项目。

（5）暂列金额。

暂列金额是招标人在工程量清单中暂定并包括在合同价款中的一笔款项。

（6）总承包服务费。

总承包服务费是总承包人为配合协调发包人进行的工程分包自行采购的设备、材料等进行管理、服务以及施工现场管理。竣工资料汇总整理等服务所需的费用。

（7）企业定额。

企业定额是施工企业根据本企业的施工技术和管理水平，而编制的人工、材料和机械台班等的消耗标准。

3. 工程量清单编制

（1）工程量清单计价应采用统一格式。

工程量清单计价格式应随投标文件发至投标人。工程量清单计价格式应由下列内容组成：封面、投标总价、分部分项工程量清单计价表、措施项目清单计价表、其他项目清单计价表、零星工作项目计价表、规费清单及计价表，需随机抽取评审的材料及价格表。

（2）封面。

封面应按规定的内容填写、签字、盖章。工程量清单封面如图 3-14 所示。

工程量清单封面

_____工程

招 标 人：_____ （单位签字盖章）
法定代表人：_____ （签字盖章）
中 介 机 构：_____
造价工程师：_____
及注册证号：_____ （签字盖执业专用章）
编 制 时 间：_____

图 3-14 工程量清单封面示意图

（3）总说明应按下列内容填写：

1）工程概况：建设规模、工程特征、计划工期、施工现场实际情况、自然地理条件、环境保护要求等。

2）工程招标和分包范围。

3）工程量清单编制依据。

4）工程质量、材料、施工等的特殊要求。

5）其他需要说明的问题。

总说明格式如表3-1所示：

总说明表例

表3-1

工程名称　　　　　　　　　　　　　　　　　　　　　　　　　　　　　　第　页　共　页

（4）分部分项工程量清单：

1）分部分项工程量清单应包括项目编码项目名称、项目特征、计量单位和工程量。

2）分部分项工程量清单应根据附录规定的项目编码项目名称、项目特征、计量单位和工程量计算规则进行编制。

3）分部分项工程量清单的项目编码，应采用12位阿拉伯数字表示。1～9位应按附录的规定设置，10～12位应根据拟建工程的工程量清单项目名称设置，同一招标工程的项目编码不得有重码。

4）分部分项工程量清单的项目名称应按附录的项目名称结合拟建工程实际确定。

5）分部分项工程量清单中所列工程量应按附录中规定的工程量计算规则计算。

6）分部分项工程量清单的计量单位应按附录中规定的计量单位确定。

7）分部分项工程量清单项目特征应按附录中规定的项目特征，结合拟建工程项目的实际予以描述。编制工程量清单出现未包括的项目，编制人应作补充，并报省级或行业工程造价管理机构备案，省级或行业工程造价管理机构应汇报住房和城乡建设部标准定额研究所。补充项目的编码由附录的顺序码与B和3位阿拉伯数字组成，并应从xB001起顺序编制，同一招标工程的项目不得重码。

8）工程量清单中需附有补充项目名称、项目特征、计量单位、工程量计算规则、工程内容。

9）工程数量应按下列规定进行计算：工程数量应按附录E中规定的工程量计算规则计算。

10）工程数量的有效位数应遵守下列规定：以"t"为单位，应保留3位小数，第4位四舍五入；以"m^3""m^2""m"为单位，应保留2位小数，第3位四舍五入；以"个""项"等为单位，应取整数。

分部分项工程量清单格式如表3-2所示。

分部分项工程量的清单表例   表 3-2

工程名称：   第　页　共　页

序号	项目编码	项目名称	计量单位	工程数量

（5）其他零星工作项目清单

零星工作项目清单应依据拟建工程的具体情况，详细列出人工、材料、机械的名称、计量单位和相应的估算数量。

零星工作项目表格式如表 3-3 所示。

零星工作项目表例   表 3-3

工程名称   第　页　共　页

序号	名称	计量单位	数量
1	人工		
2	材料		
3	机械		

3.5.2 工程量清单编制

3.5.2.1 工程量清单计价的组成

1. 绿化工程清单项目

绿地整理（编码：050101）、栽植花木（编码：050102）、绿地喷灌（编码：050103）。

2. 园路、园桥、假山工程清单项目

园路桥工程（编码：050201）、堆塑假山（编码：050202）、驳岸（编码：050203）。

3. 园林景观工程清单项目

原木、竹构件（编码：050301）、亭廊屋面（编码：050302）、花架（编码：050303）、园林桌椅（050304）、喷泉安装（编码：050305）、杂项（编码：050306）。

3.5.2.2 措施项目清单的编制

（1）由招标人根据拟建工程的具体情况及拟定的施工方案或施工组织设计，参照《建设工程工程量清单计价规范》和《建设工程工程量清单计价定额》编制，其未列的项目，发包人可做补充。

（2）本规范将工程实体项目划分为分部分项工程量清单项目，非实体项目划分为措施项目。

（3）其他项目清单宜按照下列内容列项：暂列金额、暂估价、计日工、总承包服务费。

（4）规费项目清单应按照下列内容列项：工程排污费、工程定额测定费、社会保障费、住房公积金、危险作业意外伤害保险。

（5）税金项目清单应包括下列内容：营业税、城市维护建设税、教育费附加。

措施项目清单格式如表 3-4 所示。

措施项目清单表例　　　　　　　　　　　　　　　　　**表 3-4**

工程名称　　　　　　　　　　　　　　　　　　　　第　页　共　页

序号	项目名称

3.5.2.3　其他项目清单

其他项目清单及招标人材料购置费清单：

（1）其他项目清单中招标人部分应列明预留金金额、材料购置费和零星工作项目费。

（2）招标人材料购置费清单必须列明招标人自行采购材料的名称、规格型号、数量、单价和总价，其合计金额必须与其他项目清单材料购置费一致。

其他项目清单格式如表 3-5 所示：

其他项目清单表例　　　　　　　　　　　　　　　　　**表 3-5**

工程名称　　　　　　　　　　　　　　　　　　　　第　页　共　页

序号	项目名称

3.5.2.4　规费与税金项目清单

规费清单招标人根据《建设工程工程量清单计价定额》的规定编制，其未列的项目，发包人应按照政府及有关部门的规定列项。

3.5.3　投标报价的编制

3.5.3.1　一般规定

投标人应依据招标文件的要求和计价规范的规定自主确定投标报价。投标人自主确定投标报价应注意以下事项：

（1）投标价应由投标人或受其委托具有相应资质的工程造价咨询人编制。

（2）投标人必须按招标人提供的工程量清单填报价格。项目编码、项目名称、项目特征、计量单位、工程量必须与招标工程量清单一致。

（3）投标报价不得低于工程成本。

（4）遵守招标文件中有关投标报价的要求，投标报价高于招标控制价的应予废除。

3.5.3.2　编制依据

（1）2013 年的《建设工程工程量清单计价规范》。

（2）国家或省级、行业建设主管部门颁发的计价办法。

（3）企业定额、国家或省级、行业建设主管部门颁发的计价定额。

（4）招标文件、工程量清单及其补充通知、答疑纪要。

（5）建设工程设计文件及相关资料。

（6）施工现场情况、工程特点及拟定的投标施工组织设计或施工方案。

（7）与建设项目相关的标准、规范等技术资料。

（8）市场价格信息或工程造价管理机构发布的工程造价信息。

3.5.3.3 园林绿化工程工程量清单投标报价的编制

采用工程量清单模式招标，投标报价应按照工程量清单报价的方法编制。

建设工程发承包及实施阶段的工程造价应由分部分项工程费、措施项目费、其他项目费、规费和税金组成。

分部分项工程量清单报价的编制步骤见图3-15。

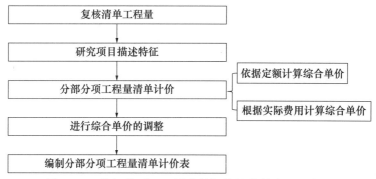

图3-15　分部分项工程量清单报价的编制步骤示意图

（1）复核清单工程量是否准确、项目是否齐全。

（2）研究项目特征描述。分部分项工程报价的最重要依据之一是该项目的特征描述，投标人应依据招标文件中的特征描述确定清单项目的综合单价，当出现招标文件中项目特征描述与设计图纸不符时，应以工程量清单项目的特征描述为准；中标后，当施工中施工图纸或设计变更与工程量清单项目的特征描述不一致时，发、承包双方应按实际施工的项目特征，依据合同约定重新确定综合单价。

（3）分部分项工程量清单计价。分部分项工程量清单计价和单价措施项目清单计价应采用综合单价计价。综合单价计算方法主要有两种：

1）依据定额计算综合单价。针对一个项目特征的描述，结合工程实际情况，按照定额的项目划分和工程量计算规则计算实际工程量，参照定额计算人工费、材料费、机械费，然后根据企业投标情况，确定管理费率和利润率，计算管理费和利润，并考虑招标文件规定的由承包人承担的风险，计算风险费，汇总后得出该项目的定额综合单价。特别注意，参照定额计算的有关费用，应该和《建设工程工程量清单计价规范》中综合单价包括的内容完全一致。

定额综合单价＝人工费＋材料费＋机械费＋管理费＋利润＋投标人承担的风险

2）根据实际费用计算综合单价。就是针对工程量清单中一个项目特征的描述，按照实际可能发生的费用进行计算并考虑风险费用，然后再除以清单工程量得出的项目的综合单价。

工程量清单综合单价＝Σ（实际工程量×定额综合基价）/清单工程量

招标工程项目清单中提供了暂估单价的材料和工程设备，按暂估的单价计入综合单价。

（4）进行综合单价的调整。根据投标策略对综合单价进行适当的调整。值得注意的是，进行综合单价调整时，过度地降低综合单价可能会加大承包商亏损的风险，过度地提高综合单价可能会失去中标的机会。

（5）编制分部分项工程量清单计价表。将调整后的综合单价填入分部分项工程量清单计价表，计算各个项目的合价和合计。工程量清单与计价表中的每一个项目均应填入综合单价和合价，且只允许有一个报价。已标价的工程量清单中若投标人没有填入综合单价和合价，其费用视为已包含（或分摊）在已标价的其他工程量清单项目的单价和合价中。分部分项工程量清单与计价表见表 3-6。

分部分项工程量清单与计价表　　　　　　　　表 3-6

序号	项目编码	项目名称	项目特征	计量单位	工程量	金额（元）		
						综合单价	合价	其中：暂估价
本页小计								
合　　计								

3.5.3.4　措施项目工程量清单计价的编制

措施项目费应根据招标文件中的措施项目清单及投标时拟定的施工组织设计或施工方案按规范的规定自主确定。鉴于清单编制人编制的措施项目工程量清单是根据一般情况确定的，没有考虑不同投标人的"个性"，投标人可以在报价时根据企业的实际情况增减措施项目内容报价。承包商在进行措施项目工程量清单计价时，根据编制的施工方案或施工组织设计，对于措施项目工程量清单中认为不发生的，其费用可以填写为零；对于实际需要发生，而工程量清单项目中没有的，可以自行填写增加，并报价。

措施项目费的计价方式一般有以下几种情况：

（1）用综合单价形式组价。凡可以准确计量的技术措施清单项目应采用综合单价方式报价，如钢筋混凝土模板及支架、脚手架、施工排水、降水等。

（2）用费率形式组价。这种组价方式主要用于无法准确计量的措施项目，如安全文明施工费、夜间施工增加费等，编制人应按照工程造价管理机构规定的费率计算，按每一项措施项目报总价。

其中，安全生产文明施工费必须按照国家或省级、行业建设主管部门的规定计算，不得作为竞争性费用。

3.5.3.5　其他项目清单计价的编制

其他项目费应按下列规定报价：

（1）暂列金额应按招标工程量清单中列出的金额填写；

（2）招标人提供暂估价的材料、设备由投标人负责采购，材料按暂估的单价计入综合单价，设备按暂估的单价填入主要材料、设备明细表，设备费计算税金后填入工程项目总价表；

（3）专业工程暂估价应按招标工程量清单中列出的金额填写；

（4）日工应按招标工程量清单中列出的项目和数量，自主确定综合单价并计算总额。

（5）总承包服务费应根据招标工程量清单中列出的内容和提出的要求自主确定。

3.5.3.6 规费和税金的计算

规费和税金必须按国家或省级、行业建设主管部门的规定计算，不得作为竞争性费用，具有强制性。

3.6 工程预算的审查与竣工决算

3.6.1 园林绿化工程施工图预算的审查

园林绿化工程施工图预算是确定园林绿化工程预算造价和工料消耗用量的文件。在园林绿化工程施工过程中，园林绿化工程施工图预算反映了园林工程造价，包括各种类型的园林建筑和安装工程在整个施工过程中所发生的全部费用的计算。为了提高园林绿化工程施工图预算的编制质量，使预算能够准确、真实地反映工程产品的造价，就必须进行预算审查。

审查园林绿化工程施工图预算的目的是核实园林工程的造价。在审查过程中，要认真依照国家的基本建设方针、政策、法令和相关规定、指标，结合实际逐项进行核实，坚持实事求是的原则，凡是多估冒算的，少计或漏算的，都要如实调整，以确保园林工程施工图预算的准确性和真实性。施工图预算的审查，是建设单位、设计单位、施工单位和银行的共同任务。

3.6.1.1 园林绿化工程施工图预算审查的意义和依据

1. 审查的意义

（1）有利于正确确定工程造价、合理分配资金和加强计划管理。基本建设计划的编制、投资额的确定、资金的分配等工作的重要依据就是具体工程的概预算。因此，工程概预算的编制质量直接影响国家对基本建设计划的管理、资金的分配及投资规模的控制。工程概预算编制偏高或偏低，都会造成资金分配不合理。有的项目由于资金过多产生浪费，有的项目由于资金不足致使工程建设不能正常进行，因此造成基本建设投资和计划管理上的混乱。由此可见，对工程概预算进行审查，提高其编制质量，是正确确定工程造价，合理分配基本建设资金和加强基本建设计划管理的重要措施。

（2）有利于促进企业加强经济核算。施工企业依据施工图预算，通过一定的程序从建设单位取得货币收入，施工图预算的高低，直接影响施工企业的经济效益。如果施工图预算编制偏高，施工企业就能不费力气地降低成本，轻而易举地取得超过实际消耗的货币收入，这样会使施工企业放松或忽视经济核算工作，降低经营管理水平，还会助长施工企业采用不正当手段取得非法收入的不正之风。如果施工图预算编制偏低，就会使施工企业工程建设中实际消耗的人力、物力和财力得不到应有的补偿，造成企业亏损，资金短缺，甚至无法组织正常的生产活动，挫伤企业的生产积极性。

对施工图预算进行实事求是地审查，该增的即增，该减的即减，使其符合客观实际，准确合理。这样既能保证那些经营管理较好的施工企业能够取得较好的经济效益，保护其生产积极性，同时又能促使那些经营管理较差的施工企业，通过加强经济核算，提高生产效率，降低工程成本等措施来改变企业的经济状况，以求得生存和发展。

（3）有利于选择经济合理的设计方案。一个优良的设计方案除具有良好的使用功能外，还必须满足技术先进、经济合理的要求，技术上的先进性，可以依据有关的设计规范和标准等进行评价。经济上的合理性，只有通过审查设计概算或施工图预算来评定。审查后的概预算，可作为衡量同一工程不同设计方案经济合理性的可靠依据，从而择优选出经济合理的设计方案。

（4）审查概预算是完善预算工作的需要。概预算工作有一个完整的体系，包括收集基础资料和有关信息，编制概预算，审查概预算，执行概预算，执行过程中的监督与控制，执行终了的信息反馈与评价等过程。审查概预算是预算工作的一个组成部分。概预算工作系统贯穿于工程建设的整个周期，有编制概预算工作，就应有审查概预算工作。

2. 审查的依据

审查施工图预算是一项专业性和政策性都很强的工作。审查中必须遵循国家和省市地市政府部门的有关政策、技术规定。工程预算审查的主要依据见图 3-16。

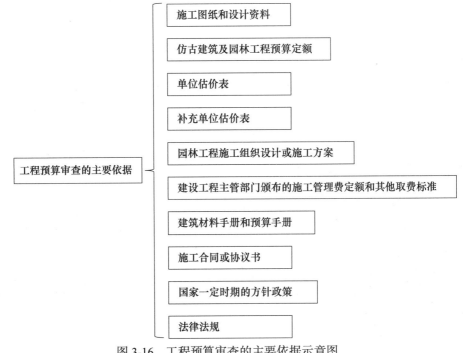

图 3-16　工程预算审查的主要依据示意图

（1）施工图纸和设计资料。全套完整的园林工程施工图纸是编制施工图预算的直接依据，设计图纸的质量好坏，将从根本上影响园林工程施工图预算造价，所以审查设计图纸的质量情况，是施工图预算审查的一项重要内容。另外，相关的设计资料是编制园林工程施工图预算的重要依据。预算图纸说明以及图纸上注明采用的全部标准图集也是审查园林工程预算的重要依据之一。建设单位、设计单位和施工单位对施工图会审签字后的会审记录也是审查施工图预算的又一个重要依据。只有在设计资料完备的情况下才能准确地计算出园林工程中各分部分项工程的工程量。

（2）仿古建筑及园林工程预算定额。《全国统一仿古建筑及园林工程预算定额》一般都详细地规定了工程量计算方法。如各分部分项工程的工程量的计算单位，哪些工程应该计算，哪些工程在定额中已综合考虑不应该计算，哪些材料允许换算，哪些材料不允许换算以及如何换算等，必须严格按照预算定额中的规定要求处理。

（3）单位估价表。工程所在地区颁布的单位估价表是审查园林工程施工图预算的第三个重要依据。单位估价表是以货币形式确定定额单位某分部分项工程或结构构件直接费用的文件，包括预算定额规定的人工、材料和施工机械台班数量相对应的价格。这些对应的价格是由工资标准、材料预算价格和机械台班预算价格经计算确定的。

工程量升级后，要严格按照单位估价表的规定以分部分项单价，填入预算估价表，计算出该工程的直接费用。如果单位估价表中缺项或当地没有现成的单位估价表，则应由建设单位、设计单位、建设银行和施工单位在当地工程建设主管部门的主持下，根据国家规定的编制原则另行编制当地的单位估价表。

（4）补充单位估价表。材料预算价格和成品、半成品的预算价格，是审查园林工程施工图预算的第四个重要依据。在当地没有单位工程估价表或单位估价表所涉及的项目不能满足工程项目的需要时，必须另行编制补充单位估价表，补充的单位估价表必须有当地的材料、成品、半成品的预算价格。

（5）园林工程施工组织设计或施工方案。施工单位根据园林工程施工图所做的施工组织设计或施工方案是审查施工图预算的第五个重要依据。

施工组织设计或施工方案必须科学合理，而且必须经过上级或业务主管部门的批准。这些资料涉及园林工程施工方法，影响定额套用和工程量的计算。施工组织设计或施工方案的设计文件应具备可操作性，如施工方案是否可行，施工进度计划是否合理等；设计文件内容应齐备，施工安全措施应妥当；设计文件的编制应符合规范，经建设单位的严格审核，再经建设监理工程公司的同意和认可。

（6）施工管理费定额和其他取费标准。直接费用计算完后，要根据建设工程主管部门颁布的施工管理费定额和其他取费标准，计算出预算总值。

（7）建筑材料手册和预算手册。在审查计算工程量过程中，为了简化计算方法，节约计算时间，可以使用符合当地规定的建筑材料手册和预算手册来审查施工图预算。

（8）施工合同或协议书。施工合同或协议书明确了建设单位和施工单位的责、权、利，明确了园林工程的承包方式，施工图预算要根据甲乙双方签订的施工合同或协议进行审查，据此确定审查的重点和范围，以保证审查结果的合法和规范。

（9）国家一定时期的方针政策。园林工程施工图预算的编制，必须按照国家的有关方针、政策要求进行。另外，地方、行业和国家的各项规定，直接影响了园林工程施工图预算的编制方法和计算标准。这些资料都是审查工作所必需的，因而在审查园林工程施工图预算前，应做好资料的收集与准备工作。

（10）法律法规。任何专业的审查，都必须依法进行，园林工程施工图预算审查工作也不例外。相关的法律法规，是审查人员必不可少的审查依据。

3.6.1.2 审查的方法

为了达到优质快速地审查工程预算，应该根据具体情况灵活应用在实践工作中积累的审查工程预算的方法。

审查施工图预算方法较多，主要有全面审查法、分组计算审查法、筛选审查法、重点抽查法、分解对比审查法等。

1. 全面审查法

全面审查法又称逐项审查法，就是按预算定额顺序或施工的先后顺序，逐一地全部进行审查的方法。其具体方法和审查过程与编制施工图预算基本相同。此种方法的优点是全面、细致，所审查的工程预算的质量高，差错少。缺点是工作量大，费时费力。对于一些工程量比较小工艺比较简单的工程，编制工程预算的技术力量又比较薄弱，可采用全面审查法。

2. 分组计算审查法

分组计算审查法是一种加快审查工程速度的方法。把预算中的项目划分为若干组，并把相邻且有一定内在联系的项目编为一组，审查或计算同一组中某个分项工程量。利用工程量间具有相同或相似计算基础的关系，判断同组中其他几个分项工程量计算的准确程度的方法。

3. 筛选审查法

筛选审查法是根据建筑工程各个分项分部工程的工程量、造价、用工量在单位面积上的数值变化的特点，把这些数据加以汇集、优选，找出这些分部分项工程在单位建筑面积上的工程量、价格、用工的基本数值，归纳为工程量、造价、用工 3 个单方基本值表，并注明其适用的建筑标准。用这些基本值作为标准来对比筛选、审查拟建项目各分部分项工程的工程量、造价或用工量。

4. 重点审查法

重点审查法是将预算中的重点项目进行审核的一种方法，即抓住预算中的重点进行审核。审查时应该选择工程量大或造价高的项目进行重点审查。对工程量小、价格低的项目从略审核，而将主要精力用于审核工程量大、造价高的项目，审查其工程量计算是否准确，套用定额单价是否合适，计取费用是否符合规定。

5. 分解对比审查法

一个单位工程，按直接费用与间接费用进行分解，然后再把直接费用按工程和分部工程进行分解，分别与申定的标准预算进行对比分析的方法，叫作分解对比审查法。

分解对比审查法一般有三个步骤：第一步，全面审查某种建筑的定型标准施工图或复用施工图的工程预算，经审定后作为审查其他类似工程预算的对比基础。而且将审定预算按直接费用与应取费用分解成两部分，再把直接费用分解为各工种工程和分部工程预算，分别计算出它们的每平方米预算价格；第二步，把拟审的工程预算与同类型预算单方造价进行对比，若出入在 1%～3%（根据本地区要求），再按分部分项工程进行分解，边分解边对比，对出入较大者，做进一步审查；第三步，对比审查。

3.6.1.3　审核工程预算的步骤

预算的审查与预算的编制一样，必须按一定的程序有步骤地进行，才能避免重复劳动，做到事半功倍，加快审查进度。审查工程预算的一般步骤如图 3-17 所示。

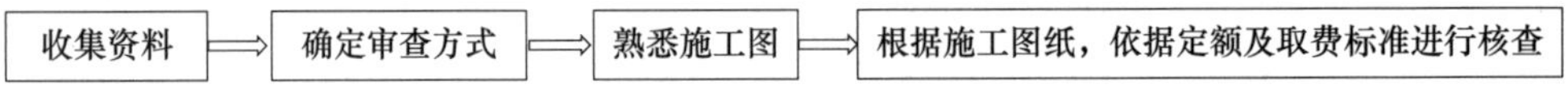

收集资料 ⟹ 确定审查方式 ⟹ 熟悉施工图 ⟹ 根据施工图纸，依据定额及取费标准进行核查

图 3-17　审核工程预算步骤示意图

1. 收集资料

进行审查工程预算工作，应收集预算编制单位报送的基本建设预算和单位工程预算的工程量计算表；送审预算必备的施工图纸；承包协议书或合同；相关定额和单位估价表；建设场地的地质勘探资料和施工组织设计；建设工程所在地执行的施工管理费和各项费用的取费标准；如果有设计变更的，还要搜集设计单位的变更签证和隐蔽工程记录；其他有关编制工程预算的资料及有关文件等。

2. 确定审查方式

根据工程建设规模、预算价格和审查期限，确定相应的审查方式。由于施工工程的规模大小、繁简程度不同，施工企业情况及工程所在地的环境不同，所编工程预算的繁简和质量水平也就有所不同。因此，审核预算人员应采用多种多样的审核方法，例如全面审核法、重点审核法、快速审核法和对比审核法等，以便多、快、好、省地完成审核任务。

3. 熟悉施工图纸

在搜集施工图纸及上述各种资料的基础上，要进一步地熟悉施工图纸及各种资料，这样才能灵活应用这些资料，从而提高审查质量，加快审查进度。例如，施工图纸是编制工程预算最基本的依据，在审查前必须弄清是否有修改的地方，如果有修改，应按修改内容审查。否则不仅影响审查质量，同时也会影响到审查工作的进度。

4. 根据施工图纸，依据定额及取费标准进行核查

审核预算人员收到工程预算后，首先应根据预算编制说明，了解编制本预算所采用的定额是否符合施工合同规定的工程性质。如果该项工程预算没有填写编制说明，则应从预算内容中了解本预算所采用的预算定额，或者与施工单位联系进行了解。确认这方面没有问题后，才能进行审核工作。

审核时，审核预算人员应认真贯彻国家和地区制定的有关预算定额、工程量计算规则、材料预算价格，以及各种应取费用项目和费用标准的规定，审查分项工程划分是否准确，有无多列或漏列分项工程；审查各分项工程的工程量计算是否准确，有无多算或少算工程量；审查各分项工程预算单价套用是否准确，有无高套或低套单价的现象；审查单位工程预算的施工组织措施费等各项费用的取费标准使用是否符合规定，计算是否正确。

5. 整理审查结果

审查完毕后，由审查单位的有关人员对审查的主要内容及审查情况提出审查意见，整理出书面情况，然后书面通知建设单位、施工单位和设计单位，如无异议，按审查意见调整定案；如意见不一致，必须组织各方代表进行集体讨论，核对分析、协商或有关部门裁定。定案后，审查单位、建设单位、施工企业三方签章，签章顺序一般为施工单位、建设单位、审查单位。

3.6.1.4 审查施工图预算的内容

审查施工图预算，是落实工程造价的一个有力措施，是施工单位和建设单位进行工程拨款和工程结算的准备工作，对合理使用人力、物力和资金都起到积极作用。

审查施工图预算主要是审查工程量的计算、定额的套用和换算、补充定额、其他费用及执行定额中的有关问题等。重点应放在有无错项、漏项，工程量计算和预算单价套用是否正确，各项取费标准是否符合现行规定等方面。

1. 审查工程量

对工程量的审查，是在熟悉定额说明、工程内容、附注和工程量计算规则以及设计资料的基础上，再审查预算的分部分项工程量，看有无重复计算、错误和漏算。这里仅对工程量计算中应该注意的地方说明如下：

（1）土方工程；

1）平整场地挖地槽、挖地坑、挖土方工程量的计算是否符合现行定额计算规定和施工图纸标注尺寸，土壤类别是否与勘察资料一致，地槽与地坑放坡带挡土板是否符合设计要求，有无重算和漏算。

2）回填土工程量应注意地槽、地坑、回填土的体积是否扣除了基础所占体积，地面和室内填土的厚度是否符合设计要求。

3）运土方的审查除了注意运土距离外，还要注意运土数量是否扣除了就地回填的土方。

（2）园林绿化工程；

1）种植定额基价未包括苗木、花卉价格。

2）起挖或栽植树木均以一、二类土为计算标准，如为三类土，人工乘以系数 1.34，四类土，人工乘以系数 1.76，冻土，人工乘以系数 2.20。

3）定额以原土回填为准，如需换土，按"换土"定额另行计算。

（3）园路园桥假山工程；

1）园路整理路床挖土填土厚度在 30cm 以内，超过 30cm 应另行计算。缺项的可套用其他章节相应定额子目，其合计工日乘以系数 1.10。

2）木栈道按平方米计算，木栈道柱梁桁条及临水面打桩可分别按其他章节相应定额项目执行。

3）堆砌土山丘高差在 1.00m 以上。坡度在 30% 以内套用堆筑土山丘定额。堆筑土山丘取土运土运距超过 200m 时，另行计算。

（4）园林景观工程；

1）PVC 花坛护栏工程量按设计图示尺寸以米计算，定额已包括安装及基础混凝土，若设计与定额不同时，混凝土用量可按实际调整。

2）金属花架柱梁工程量按吨计算，混凝土花架柱梁按体积立方米计算。

2. 审查设备、材料的预算价格

设备、材料预算价格是施工图预算造价所占比重最大、变化最大的内容，应当重点审查。审查时应注意以下方面：

（1）审查设备、材料的预算价格是否符合工程所在地的真实价格及价格水平。若是采用市场价，要核实其真实性、可靠性；若是采用部门公布的信息价，要注意信息价的时间、地点是否符合要求，是否要按规定调整。

（2）设备费、材料的原价确定方法是否正确。非标准设备原价的计价依据、方法是否正确、合理。

（3）设备的运杂费率及其运杂费的计算是否正确，材料预算价格的各项费用计算是否符合规定、正确。

3. 审查预算单价的套用

审查预算单价套用是否正确，是审查预算工作的主要内容之一。审查时应注意以下几个方面：

（1）预算中所列各分项工程预算单价是否与现行预算定额的预算单价相符，其名称、规格、计量单位和所包括的工程内容是否与单位估价表一致；

（2）审查换算的单价，首先要审查换算的分项工程是否是定额中允许换算的，其次要审查换算是否正确；

（3）审查补充定额和单位估价表的编制是否符合编制原则，单位估价表计算是否正确。

4. 审查有关费用项目及其计取

有关费用项目计取的审查，要注意以下几个方面：

（1）措施费的计算是否符合有关规定标准，间接费用和利润的计取基础是否符合现行规定，有无不能作为计费基础的费用列入计费基础；

（2）预算外调增的材料差价是否计取了间接费用，直接工程费或人工费增减后，有关费用是否相应做了调整；

（3）有无巧立名目，乱计费、乱摊费用现象。

3.6.2 园林绿化工程结算

3.6.2.1 园林绿化工程结算的概念

工程结算，是指承包商在工程实施过程中，依据承包合同中的付款条款规定和已经完成的工程量，按照规定程序向建设单位（业主）收取工程价款的一项经济活动。

3.6.2.2 园林绿化工程结算的分类

1. 按月结算与支付

按月支付进度款，竣工后清算的办法。跨年度竣工的工程，在年终进行工程盘点，办理年度结算。我国现行建筑安装工程价款结算中，大部分是实行这种按月结算的方式。

2. 分段结算与支付

当年开工，且当年不能竣工的单项（或单位）工程，按其形象进度划分为若干施工阶段，按阶段进行工程价款结算。

3. 目标价款结算

在工程合同中，将承包工程的内容分解成不同的控制界面，以建设单位验收控制界面作为支付工程价款的前提条件。也就是说，将合同中的工程内容分解成不同的验收单元，当承包商完成单元工程内容并经建设单位验收后，业主支付构成单元工程内容的工程价款。

4. 结算双方约定并经开户建设银行同意的其他结算方式

3.6.2.3 园林绿化工程价款结算

工程价款的结算包括：预付款的结算、进度款的结算、竣工结算、保修金的扣留计算等。

1. 工程预付款结算

工程项目开工前，为了确保工程施工正常进行，建设单位应按照合同规定，拨付给施工企业一定限额的工程预付备料款。此预付款构成施工企业为工程项目储备主要材料和结构构件所需的流动资金。

预付款的限额可按预付款占工程合同价的额度计算：

$$预付款限额＝工程合同价 \times 预付款支付比例$$

（1）包工包料工程预付款的支付比例不得低于签约合同价（扣除暂列金额）10%，不宜高于签约合同价（扣除暂列金额）的30%；对于重大工程项目，按年度工程计划逐年预付。

（2）实行工程量清单计价的，实体性消耗和非实体性消耗部分应在合同中分别约定预付款比例。

（3）包工不包料工程（清包工），材料由建设单位供给，不预付工程备料款。

2. 工程预付款的扣回

当工程进展到一定阶段，随着工程所需储备的主要材料和结构构件逐步减少，建设单位应将开工前预付的备料款，以抵充工程进度款的方式陆续扣回，并在竣工结算前全部扣清。

起扣点的计算：起扣点即开始扣回预付款时已完成的产值。预付备料款应该以未随工程所需的主要材料和结构构件的价值等于工程预付款数额时为起扣点。

假设起扣点为 x，则（工程总造价－x）× 主要材料占建安工作量的比重＝工程预付款

$$x = 工程总造价 - \frac{工程预付款}{主要材料占建安工作量的比重（\%）}$$

3. 工程进度款结算

工程进度款是指工程项目开工后，施工企业按照工程施工进度和施工合同的规定，以当月（期）完成的工程量为依据计算各项费用，向建设单位办理结算的工程价款。一般在月初结算上月完成的工程进度款。

（1）工程进度款结算的程序：

1）工程量核实。承包商按合同约定的方法和时间，向业主提交已完工程量报告。业主在规定的时间内审核。以双方核实后的工程量作为工程价款的支付依据。

2）支付工程进度款。工程量核实以后，业主按照合同专用条款中约定的拨付比例或数额向承包商支付工程进度款。

价款结算办法规定：根据确定的工程量计算结果，承包商向业主提出支付工程进度款申请 14 日内，业主应按不低于工程价款的 60%，不高于工程价款的 90%，向承包商支付工程进度款。确认增（减）的工程变更价款作为追加（减）合同价款与工程进度款同期支付。

（2）工程进度款结算：

1）开工前期进度款结算。从工程项目开工到施工进度累计完成的产值小于"起扣点"，这期间称为开工前期。此时，每月结算的工程进度款应等于当月（期）已完成的产值。

2）施工中期进度款结算。当工程施工进度累计完成的产值达到"起扣点"以后，至工程竣工结束前一个月，这期间称为施工中期。此时，每月结算的工程进度款应扣除当月（期）应扣回的工程预付备料款。其计算公式为：

本月（期）应抵扣的预付款＝本月（期）已完成的产值×主材所占的比重

本月（期）应结算工程进度款＝本月（期）已完成的产值－本月（期）应抵扣的预付款

＝本月（期）已完成的产值×（1－主要材料占建安工作量的比重）

3）对于"起扣点"恰好处于当月完成产值的月中，其计算公式为：

"起扣点"当月应抵扣的预付款＝（累计完成的产值－起扣点）×主材所占的比重

"起扣点"当月应结算的工程进度款＝本月（期）已完成的产值－（累计完成的产值－起扣点）×主材所占的比重

4）工程尾期（最后月）进度款结算。按照国家有关规定，工程项目总造价中应预留一定比例的尾留款作为质量保修费用，称"预留保证金"，待工程项目保修期结束后，视保修情况最后支付。

住房和城乡建设部、财政部关于印发《建设工程质量保证金管理办法》的通知（建质〔2017〕138 号）规定发包人应按照合同约定方式预留保证金，保证金总预留比例不得高于工程价款结算总额的 3%。合同约定由承包人以银行保函替代预留保证金的，保函金额不得高于工程价款结算总额的 3%。

最后月（期）应结算的工程尾款＝最后月（期）完成产值×（1－主材所占的比重）

－应扣保证金

3.6.2.4　园林绿化工程竣工结算

园林绿化工程竣工结算是指一个单位工程或分项工程完工后，通过建设及有关部门的验收，竣工报告批准后，承包方按国家有关规定和协议条款约定的时间、方式向发包方代表提出结算报告，办理竣工结算。竣工结算意味着承包发包双方经济关系的结束，还需办理工程财务结算，结清价款。

结算应根据"工程竣工结算书"和"工程价款结算账单"进行，前者表示施工单位根据合同造价、设计变更增减项目现场经济签证费用和施工期间国家有关政策性费用调整文件，编制确定的工程最终造价的经济文件，表示向建设单位应收的全部工程价款，即发包方应拨付承包方工程竣工的全部价款。后者表示承包单位已向建设单位收取的工程款，即已拨付的工程价款。"工程竣工结算书"和"工程价款结算账单"由施工单位在工程竣工验收后编制，送建设单位审查无误并征得有关部门审查同意后，由承包方和发包方共同办理竣工结算手续，才能进行工程结算。

园林工程竣工结算也可指单项工程完成并达到验收标准，取得竣工验收合格签证后，园林施工企业与建设单位之间办理的工程财务结算。

1. 竣工结算的作用

（1）竣工结算是确定单位或单项工程最终造价，完结建设单位与施工单位的合同关系和经济责任的依据。

（2）竣工结算是施工企业确定工程的最终收入，经济核算和考核工程成本的依据，关系到企业经营效果的好坏。

（3）反映园林工程工作量和实物量的实际完成情况，是建设单位编报竣工结算的依据。

（4）竣工结算反映园林工程实际造价，是编制概算定额、概算指标的基础资料。

（5）竣工结算，也是工程建设各方对建设过程的工作再认识和总结的过程，是提高以后施工质量的基础。

2. 竣工结算的计价形式

施工图预算用作确定合同总价，它是在工程开工之前的招标投标中所确定的，但在施工过程中，往往会由于地质条件的变化，设计变更和施工条件及措施的变动，在施工中发生的各种经济签证，导致原定工程预算不能如实地反映竣工验收后最终产品的价值，应对原定预算进行合理的调整。由施工单位编制竣工结算，报建设单位审查，经双方同意后，办理最后一次的工程价款结算，即竣工结算。在调整预算中，应把施工中发生的设计变更、材料代用、费用签证等使工程价款发生的增减变化，加以调整。

与建筑安装工程承包合同计价方式一样，根据计价方式的不同，园林工程竣工结算计价形式一般情况下可以分为两种类型。

（1）总价合同。

所谓总价合同是指支付给承包方的款项在合同中是一个"规定金额"，即总价。它是以图纸和工程说明书为依据，由承包方与发包方经过商定做出的。总价合同按其是否可调整可分为以下两种不同形式。

1）不可调整总价合同。这种合同的价格计算是以图纸及规定、法规为基础，承、发包双方就承包项目协商达成一个固定的总价，由承包方一笔包死，不能变化。合同总价只有在设计和工程范围有所变更的情况下才能随之做相应的变更，除此以外，合同总价是不能变动的。

2）可调整总价合同。这种合同一般也是以图纸及规定、规范为计算基础，但它是以"时价"进行计算的。这是一种相对固定的价格，在合同执行过程中，由于市场变化而使所用的工料成本增加，可对合同总价进行相应的调整。

（2）单价合同。

在施工图纸不完整或当准备发包的工程项目内容、技术、经济指标暂时尚不能准确、具体的给予规定时，往往要采用单价合同形式。

1）估算工程量单价合同。这种合同形式承包商在报价时，按照招标文件中提供的估算工程量来报工程单价。结算时按实际完成工程量结算。

2）纯单价合同。采用这种合同形式时发包方只向承包方发布承包工程的有关分部分项工程以及工程范围，不需对工程量做任何规定。承包方在投标时，只需对这种给定范围的分部分项工程做出报价，而工程量则按实际完成的数量结算。

3）成本加酬金合同。这种合同形式主要适用于工程内容及其技术经济指标尚未全面确定，投标报价的依据尚不充分的情况下，发包方因工期要求紧迫，必须发包的工程；或者发包方与承包方之间具有高度的信任，承包方在某些方面具有独特的技术、特长和经验的工程。

3. 竣工结算所需的竣工资料

（1）工程竣工报告、竣工图及竣工验收单；

（2）施工全图、合同及协议书；

（3）施工图预算或招投标工程的合同标价；

（4）设计交底及图纸会审记录资料；

（5）设计变更通知单、图纸修改记录及现场施工变更记录；

（6）经建设单位签证认可的施工技术措施、技术核定单；

（7）预算外各种施工签证或施工记录；

（8）各地区对概预算定额材料价格，费用标准的说明、修改调整等各种涉及造价变动的资料文件。

4. 编制内容和方法

工程竣工结算的编制基础随承包方式的不同而有差异。结算方法应根据各省市建设工程造价管理部门、当地园林管理部门和施工合同管理部门的有关规定办理工程结算。

工程竣工结算编制的内容和方法与施工图预算基本相同，不同之处是以增加施工过程中变动签证等资料为依据的变化部分，应以原施工图预算为基础，进行部分增减和调整，一般有以下几种情况：

（1）采用施工图预算承包方式。

在施工过程中不可避免地要发生一些变化，如施工条件和材料代用发生变化。设计变更、国家以及地方新政策的出台等，都会影响到原施工图预算价格的变动。因此，这类工程的结算书是在原来工程预算书的基础之上，加上设计变更原因造成的增减项目和其他经济签证费用编制而成的。编制工程竣工结算书的具体内容如下：

1）工程量量差。工程量量差是施工图预算的工程数量与实际施工的工程数量不符而产生的量差（需增加或减少的工程量）。量差主要由下列原因造成：① 现场施工变更。工程开工后，建设单位提出要求改变某些施工做法，如钢筋混凝土构件预制改现浇，树木种类的变更，假山、置石外形、体量及质地的变更，种植绿篱长度的变更，增减某些具体项目等。施工单位在施工过程中要求改变某些设计做法，如某种建材的缺乏，需要更改或代换材料的规格型号。设计单位在施工过程中遇到一些设计过程中不可预见的情况，如挖基础时遇到古墓洞穴等。这部分应在建设单位和施工企业双方签证的现场记录中按合同的规定进行调整；

② 设计变更。设计单位对施工图进行设计修正和设计漏项的完善，这部分增减的工程量应根据设计修正通知单或图纸会审记录进行调整；③ 施工图预算有误。这是由于预算人员的疏忽大意造成的工程量差错。这部分应争取在工程验收交接时按实际工程量予以纠正。

2）费用调整。由于工程量的增减会影响直接工程费（各种人工、材料、机械价格）的变化，其间接费、利润和税金也应做相应调整。费用价差产生的原因如下：① 因直接费的调整，间接费、利润和税金也应做相应调整；② 在施工期间国家、地方有新的费用政策出台，费用需要调整。如国家对工人工资政策性调整或劳务市场工资单价变化；③ 材料价差调整。材料价差是指合同规定的工程开工至竣工期间，因材料价格增减变化而产生的价差。材料价差的调整是调整结算的重要内容，应严格按照当地主管部门的规定进行调整。调整的价差必须根据合同规定的材料预算价格或材料预算价格的确定方法或按照有关机关发布的材料差价系数文件进行调整。材料代用发生的价差，应以材料代用核定通知单为依据，在规定范围内调整；④ 其他费用调整。因建设单位的原因发生的点工费、窝工费、土方运费、机械进出场费用等，应一次结清，分摊到结算的工程项目之中。施工单位在施工现场使用建设单位的水电费用，应在竣工结算时按有关规定付给建设单位，做到工完账清。

（2）采用招投标承包方式。

这种工程结算原则上应按照中标价进行。但一些工期长、内容较复杂的工程，施工过程中难免会遇到有较大设计变更和材料调价，如在合同中有规定允许调价的条款，施工单位在工程竣工时，可在中标价的基础上进行调整。合同条款规定允许以外发生的非施工单位原因造成的中标价以外的费用，施工单位可以向建设单位提出洽商或补充合同作为结算调价的依据。

（3）采用施工图预算包干或平方米造价包干结算承包方式。

采用该方式的工程，为了分清承发包双方的经济责任，发挥各自的主动性，不再办理施工过程中零星项目变动的经济洽商，在工作竣工结算时也不再办理增减调整。

总之，工程竣工结算，应根据不同的承包方式，按承包合同中所规定条文进行结算。工程竣工结算没有统一的格式和表格，一般可以用预算表格代替，也可以根据需要自行设计表格。

3.6.3 园林绿化工程竣工决算

3.6.3.1 竣工决算的作用

园林绿化工程竣工决算是综合全面地反映竣工项目建设成果及财务情况的总结性文件。它采用货币指标、实物数量建设工期和各种技术经济指标，综合全面地反映建设项目自开始建设至竣工为止全部建设成果和财务状况。

园林绿化工程竣工决算是办理交付使用资产的依据，也是竣工验收报告的重要组成部分。建设单位与使用单位在办理交付资产的验收交接手续时，通过竣工决算反映了交付使用资产的全部价值，包括固定资产、流动资产、无形资产和递延资产的价值。同时，它还详细提供了交付使用资产的名称、规格、数量、型号和价值等明细资料，是使用单位确定各项新增资产价值并登记入账的依据。

园林绿化工程竣工决算是分析和检查设计概算的执行情况，考核投资效果的依据。竣工决算反映了竣工项目计划实际的建设规模、建设工期以及设计和实际的生产能力，反映了概算总投资和实际的建设成本，同时还反映了所达到的主要技术经济指标。通过对这些指标计划数、概算数与实际数进行对比分析，不仅可以全面掌握建设项目计划和概算执行情况，而且还可以考核建设项目投资效果，为今后制订基建计划、降低建设成本、提高投资效益提供必要的资料。

3.6.3.2　编制竣工决算所需的资料

竣工决算包括建设项目从筹建到竣工投产全过程的全部实际费用，即包括建筑工程费、安装工程费、设备工器具购置费、预备费、工程建设其他费用和投资方向调节税等。

竣工决算由竣工财务决算说明书、竣工财务决算报表、工程竣工图和工程竣工造价对比分析四部分组成，其中竣工财务决算说明书和竣工财务决算报表两部分又称建设项目竣工财务决算，是竣工决算的核心内容。

3.6.3.3　竣工决算的编制步骤

1. 收集、整理和分析有关依据资料

在编制竣工决算文件之前，应系统地整理所有的技术资料、工料结算的经济文件、施工图和各种变更与签证资料，并分析它们的准确性。完整、齐全的资料，是准确、迅速编制竣工决算的必要条件。

2. 清理各项财务、债务和结余物资

在收集、整理和分析有关资料中，要特别注意建设工程从筹建到竣工投产使用的全部费用的各项账务、债权和债务的清理，做到工程完毕账目清晰，既要核对账目，又要查点库有实物的数量，做到账与物相等，账与账相符；对结余的各种材料工器具和设备，要逐项清点核实，妥善管理，并按规定及时处理，收回资金；对各种往来款项要及时进行全面清理，为编制竣工决算提供准确的数据和结果。

3. 填写竣工决算报表

按照建设工程决算表格中的内容，根据编制依据中的有关资料进行统计或计算各个项目和数量，并将其结果填到相应表格的栏目内，完成所有报表的填写工作。

4. 编制建设工程竣工决算说明

按照建设工程竣工决算说明的内容要求，根据编制依据材料填写在报表中的结果，编写文字说明。

5. 做好工程造价对比分析

6. 清理、装订好竣工图

7. 上报主管部门审查

将上述编写的文字说明和填写的表格核对无误、装订成册，即为建设工程竣工决算文件。将其上报主管部门审查，并把其中财务成本部分送交开户银行签证。竣工决算在上报主管部门的同时，抄送有关设计单位。大中型建设项目的竣工决算还应抄送财政部、建设银行总行和省、市、自治区的财政局和建设银行各 1 份。建设工程竣工决算的文件，由建设单位负责组织人员编写，在竣工建设项目办理验收使用 1 个月之内完成。

第4章　园林绿化工程施工成本管理

4.1　园林绿化工程施工成本管理概论

4.1.1　施工成本的概念及分类

4.1.1.1　施工成本的概念

施工成本是指施工企业以园林绿化工程施工项目作为成本核算对象的施工过程中所耗费的生产资料转移价值和劳动者的必要劳动所创造的价值的货币形式，亦即某园林绿化工程在施工中所发生的全部生产费用的总和，包括消耗的主、辅材料，构配件，周转材料的摊销费或租赁费，施工机械的台班费或租赁费，支付给生产工人的工资、奖金以及项目经理部（或分公司、工程处）以及为组织和管理工程施工发生的全部费用支出。园林绿化工程施工成本不包括劳动者为社会所创造的价值（如税金和计划利润），也不应包括不构成施工项目价值的一切非生产性支出。

4.1.1.2　施工成本的分类

施工成本的类型按照不同的标准有不同的分类方法，工作中常用施工成本构成、施工成本费用目标、施工成本形成时间等标准进行划分，其类型如表4-1。

1. 按照施工成本构成划分

（1）直接成本。直接成本是指在工程项目施工过程中直接耗费的构成工程实体或有助于工程形成的各项支出，包括人工费、材料费、机械使用费和其他直接费。

（2）间接成本。间接成本是指项目经理部为施工准备、组织和管理施工生产所发生的全部施工间接费支出，包括现场管理人员经费、现场管理人员办公费、项目管理费用等。

2. 按照施工成本费用目标划分

（1）生产成本。生产成本是指完成园林绿化工程所必须消耗的费用。

（2）质量成本。质量成本是指园林绿化工程施工项目部为保证和提高建筑产品质量而发生的一切必要费用以及因未达到质量标准而蒙受的经济损失。

（3）工期成本。工期成本是指园林绿化工程施工项目部为实现工期目标或合同工期采取相应措施所发生的一切必要费用以及工期索赔等费用的总和。

（4）不可预见成本。不可预见成本是指园林绿化施工项目部在施工生产过程所发生的除生产成本、工期成本、质量成本之外的成本费用。

3. 按照施工成本形成时间划分

（1）预算成本。预算成本也称为标后预算成本，是指建设单位与施工企业通过招标与投标在定标后签订施工合同时确定的工程成本。也称为标后预算成本，是指建设单位与施工企业通过招标与投标在定标后签订施工合同时确定的工程成本。

（2）计划成本。计划成本是按照园林绿化工程项目设计施工图、项目施工组织设计、施工定额等，结合项目实际及本企业的管理水平和生产力水平而计算确定的工程项目最低资源消耗和最低费用支出的总和。工程项目计划成本是工程项目成本控制和考核的基本依据。

（3）实际成本。实际成本是园林绿化工程施工项目在报告期内实际发生的各项生产费用的总和。

施工成本的分类　　　　　　　　　　　　　　　　　　表 4-1

划分标准	类别		内　　容
施工成本构成	直接成本	人工费	工程项目施工过程中直接从事园林绿化工程施工的生产工人开支的各项费用，包括基本工资、工资性津贴、生产工人辅助工资、职工福利费和生产工人劳动保护费
		材料费	材料费是指在工程项目施工过程中耗用的构成工程实体的原材料、辅助材料、结构件、零配件及周转材料的摊销等
		机械使用费	机械使用费是指在工程项目施工过程中使用施工机械作业所发生的机械使用费以及机械安装、拆卸和进出场费用等
		其他直接费	指除以上三项之外的其他费用，包括冬期施工增加费、雨期施工增加费、夜间施工增加费、仪器仪表使用费、特殊工种培训费、材料二次搬运费、临时设施摊销费、生产工具用具使用费、检验检测费、工程定位复测、工程点交、场地清理费用、特殊地区施工增加费等
	间接成本	现场管理人员经费	包括现场管理人员的基本工资，包括工资性津贴、辅助工资、职工福利费、劳动保护费、工会经费、教育经费、劳保统筹等费用
		现场管理人员办公费	包括现场管理人员办公费、差旅费、交通费、业务活动费、固定资产使用费、工具用具费和保险费等费用
		项目管理费用	包括工程保修费、工程排污费、项目利息支出和其他费用等费用
施工成本费用目标	生产成本		消耗各种材料和物资，施工机械和生产设备的磨损，支付给工人的工资、管理费用等
	质量成本		园林绿化工程施工内部故障成本（如返工、停工、降级、复检等引起的费用）、外部故障成本（如保修、索赔等引起的费用）、质量检验费用和质量预防费用
	工期成本		为实现工期目标或合同工期而采取相应措施所发生的一切必要费用以及工期索赔等费用的总和
	不可预见成本		除生产成本、工期成本、质量成本之外的成本费用，如扰民费、资金占用费、人员伤亡等安全事故损失费、政府部门罚款等不可预见的费用
施工成本形成时间	预算成本		根据工程项目设计施工图，套用国家及地方预算定额（工程量、材料、人工和取费等定额标准）计算出来的，工程项目预算造价中项目施工所应消耗的货币化的资源和费用总和
	计划成本		按照工程项目设计施工图、项目施工组织设计、施工定额等，结合项目实际及本企业的管理水平和生产力水平而计算确定的工程项目最低资源消耗和最低费用支出的总和。是工程项目成本控制和考核的基本依据
	实际成本		是施工项目在报告期内实际发生的各项生产费用的总和

4.1.2 施工成本管理

4.1.2.1 施工成本管理的概念

施工成本管理是指施工企业结合本行业的特点，以园林施工过程中的直接耗费为原则，以货币为主要计量单位，对项目从开工到竣工所发生的各项收支进行全面系统的管理，以实现园林绿化工程施工成本最优化目的的过程。它是企业的一项重要的基础管理，包括落实园林绿化工程施工责任成本，制订成本计划、分解成本指标，进行成本控制、成本核算、成本考核和成本监督等过程。

4.1.2.2 施工成本管理的原则

1. 领导者推动原则

企业的领导者是园林绿化工程施工成本的责任人。领导者应该制订园林绿化工程施工成本管理的方针和目标，组织园林绿化工程施工成本管理体系的建立和保持，使企业全体员工能充分参与施工成本管理，创造企业成本目标的良好内部环境。

2. 以人为本，全员参与原则

园林绿化工程施工项目成本管理是园林绿化工程施工管理的中心工作，园林绿化工程施工的进度管理、质量管理、安全管理、施工技术管理、物资管理、劳务管理、计划统计、财务管理等一系列管理工作都关联到施工项目成本，必须让企业全体人员共同参与。

3. 目标分解，责任明确原则

园林绿化工程施工成本管理工作从企业到各部门，各司其职，共同完成。企业的责任是降低企业管理费用和经营费用，组织项目经理部完成园林绿化工程施工责任成本指标和成本降低率指标。项目经理部还要对园林绿化工程施工项目责任成本指标和成本降低率目标进行二次目标分解，根据岗位不同、管理内容不同，确定每个岗位的成本目标和所承担的责任；把总目标进行层层分解，落实到每一个人，通过每个指标的完成来保证总目标的实现。

4. 管理层次与管理内容的一致性原则

为实现园林绿化工程工程管理和成本目标，需建立一套相应的管理制度，并授予相应的权利使其所对应的管理内容和管理权利必须相称和匹配，使责、权、利的协调，实现管理目标和管理结果的一致性。

5. 实事求是原则

园林绿化工程施工成本管理需要及时、准确地提供成本核算信息，不断反馈，为上级部门或项目经理进行园林绿化工程施工成本管理提供科学的决策依据。园林绿化工程施工成本管理所编制的各种成本计划、消耗量计划，统计的各项消耗、各项费用支出，必须是实事求是的、准确的。

6. 过程控制和系统控制原则

园林绿化工程施工成本是由园林绿化工程施工过程的各个环节的资源消耗形成的。因此，园林绿化工程施工成本的控制必须采用过程控制的方法，分析每一个过程影响成本的因素，制订工作程序和控制程序，使之时时处于受控状态。

4.1.2.3 施工成本管理与企业成本管理的区别

施工成本管理与企业成本管理是两个不同的概念，二者的区别也很大，具体表现如下，见表 4-2。

施工项目成本管理与企业成本管理的区别　　　　　　　表 4-2

类型	区别			
	管理对象	管理任务	管理方式	管理责任
施工成本管理	是具体的某一个工程项目,它只对该项目所发生的各项费用进行控制,对施工项目成本进行核算	在企业健全的成本管理责任制下,以合同工期、优质和低耗的成本建成工程项目,完成企业下达的管理目标	是项目经理负责下的项目管理职能;在施工现场进行,与施工过程的质量、工期等同步进行	施工项目经理全面负责,施工项目的成本由项目经理部承包,项目的盈亏与项目经理部全体人员经济责任挂钩
企业成本管理	是整个企业,包括项目经理部、为施工生产服务的附属企业及企业各职能部门	根据整个企业的现状和水平,对资源费用合理调配、对生产任务合理分派,是整个企业的成本、费用控制在预定计划内	按照行政手段管理;层次多、部门多,管理不在现场	强调部门成本责任制,成本管理涉及各个职能部门和各施工单位,难以协调

4.1.3　施工成本管理的措施

1. 组织措施

组织措施是从园林绿化工程施工成本管理的组织方面采取的措施,如实行项目经理责任制,落实园林绿化工程施工成本管理的组织机构和人员,明确各级施工成本管理人员的任务和职能分工、权利和责任。编制本阶段施工成本控制工作计划和详细的工作流程图等。园林绿化工程施工成本管理既是专业成本管理人员的工作,也是各级项目管理人员都负有成本控制责任。

2. 技术措施

技术措施是对解决园林绿化工程施工成本管理过程中的技术问题、纠正园林绿化工程施工成本管理目标的偏差所采取的技术方法。因此,运用技术纠偏措施的关键,一是要能提出多个不同的技术方案;二是要对不同的技术方案进行技术经济分析。

3. 经济措施

经济措施是最易为人接受和采用的措施。管理人员应编制资金使用计划,确定、分解园林绿化工程施工成本管理目标,对园林绿化工程施工成本管理目标进行风险分析,并制定防范性对策。通过偏差原因分析和未完工程施工成本预测,发现一些潜在的问题将引起未完工程施工成本的增加,对这些问题应以主动控制为出发点,及时采取预防措施。

4. 合同措施

成本管理要以合同为依据。对于合同措施,需以参加合同谈判、修订合同条款为依据,注意处理合同执行过程中的索赔问题,防止和处理好与业主和分包商之间的索赔事项,同时还应分析不同合同之间的相互联系和影响,对每一个合同做总体和具体分析等。

4.1.4　施工成本管理的内容

施工成本管理是园林绿化施工企业项目管理系统中的子系统,这一系统的具体工作内容包括:成本预测、成本决策、成本计划、成本控制、成本核算、成本分析和成本考核等。

4.1.5　施工成本管理的流程

园林绿化施工项目工程成本管理流程分为前期成本管理、施工成本管理和考核薪酬管理三个阶段，其流程如图 4-1 所示。

1. 前期成本管理

该阶段是属于成本预测、成本决策阶段，是项目投标和合同签订过程的成本控制，它通过项目策划书的编制和合同谈判控制前期项目成本，是决定项目预期收益的关键阶段。

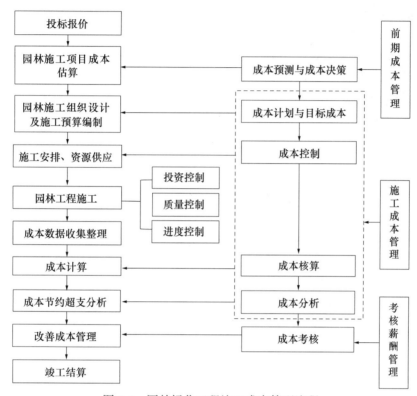

图 4-1　园林绿化工程施工成本管理流程

2. 施工成本管理

该阶段是通过成本计划、成本控制、成本核算、成本分析、成本考核的过程管理进行工程项目施工过程的成本控制阶段。它通过项目标价分离、下达项目部目标管理责任书、编制项目部实施计划、进行过程控制、成本计算和分析等一系列项目管理工作，实现工程项目的预期收益。

3. 考核薪酬管理

该阶段贯穿于整个项目管理全过程，进行过程监督、考核、审计、奖罚。工程项目完成后，对项目进行最终审计、考核和奖罚的管理。

4.1.6　施工成本管理的工作范围与职责

4.1.6.1　工作范围

（1）确定项目目标成本，为编制标书、确定投标价格提供依据，为中标创造条件；

（2）参与工程投标，在中标价格的基础上编制施工项目成本计划；

（3）参与建立施工项目目标成本保证体系，协调项目经理部的各有关人员的关系，互相协调，解决项目目标成本在实施过程中出现的各种问题；

（4）从目标分解、提出阶段性目标、目标检查、目标考核、目标控制等方面开展项目目标成本管理活动，使项目成本总目标落到实处；

（5）向项目经理部各有关部门提供成本控制所需要的成本信息；

（6）对成本进行预测，定期提出项目成本预测报告，监视项目成本变化情况并及时将影响成本的重大因素向项目经理报告；

（7）计算出成本超支额，调查引起超支的原因并提出应采取的纠正措施的建议和方法；

（8）对施工项目的变更情况做出完整的记录，对替换用设计方案提出快速、准确的成本估算，并与索赔工程师商定索赔方案；

（9）对项目经理部各个部门的成本目标进行考核。

4.1.6.2　主要职责

（1）必须实现实际项目成本不超过中标价格的目标，负担其风险责任；

（2）对项目成本目标进行严格的控制；

（3）对项目成本目标进行实体的考评；

（4）对项目成本目标进行实体考评后进行绩效奖惩。

4.1.7　建立以项目成本管理为核心的项目管理体系

建立以项目成本管理为核心的项目管理体系的主要内容，见表4-3。

以项目成本管理为核心的管理体系的主要内容　　　　　　　　表 4-3

序号	管理制度	主要内容	制度系统目标	成本管理目标	责任归属
1	项目策划（投标前）	（1）项目的启动程序； （2）制订投标策略和工作原则； （3）编制投标工作计划； （4）招标文件的评审； （5）投标文件的评审； （6）市场环境分析； （7）业主评估； （8）项目概况及实施条件； （9）项目经理及项目部主要人员安排； （10）质量目标保证措施； （11）工期目标保证措施； （12）施工组织设计； （13）风险分析； （14）现金流分析； （15）项目成本预测	质量、工期、安全、环境等招标文件要求的内容能够实现	（1）各种造成企业损失的风险可控； （2）成本预测能够实现公司预定收益目标	公司主责，项目参与
2	合同签订（中标后）	（1）合同谈判及签署； （2）履约保函或保证金支付； （3）合同评审； （4）项目目标成本估算； （5）合同交底	质量、工期、安全、环境等合同要求的内容能够实现	（1）风险可控； （2）成本预测能够实现公司预定收益目标	公司主责，项目参与

续表

序号	管理制度	主要内容	制度系统目标	成本管理目标	责任归属
3	标价分离（开工前）	（1）工程项目标价分离的原则； （2）工程项目成本分类； （3）工程项目标价分离费用组成及计算方法； （4）工程项目标价分离工作步骤； （5）编制施工图预算	（1）编制施工图预算； （2）能够满足编制项目部实施计划； （3）能够满足施工过程统计报量、分包合同签订等数据需要	（1）确定责任成本指标； （2）确定上缴金额； （3）为编制成本计划提供依据； （4）能够满足分层分段过程成本控制的数据需要	公司主责，项目参与
4	项目管理目标责任书（开工前）	（1）项目管理目标责任书； （2）项目管理责任成本测算； （3）项目管理风险抵押制度； （4）项目管理奖惩规定； （5）项目管理目标责任考核与兑现等内容	满足项目目标管理责任指标的下达、考核及奖惩的数据资料	确定责任成本指标	公司主责，项目参与
5	项目组织管理制度（开工前）	（1）建立该机构的制度和程序； （2）项目规模的划分； （3）项目部的组建； （4）项目部的运行； （5）项目部的解体	项目正常运行的组织保证	相应的成本管理责任制	公司主责，项目参与
6	项目部实施计划（开工前及开工前期）	（1）项目部合同责任分配； （2）编制施工预算； （3）项目材料、分包、机械设备、生产、技术、质量、安全、环保、信息管理等实施计划风险控制计划等； （4）根据标价分离中细化的项目成本构成和项目的目标责任成本，结合以上规划内容中的降低成本措施和优化后的施工方案，制订项目成本计划	项目正常履约各系统控制计划	（1）成本计划； （2）各种造成企业损失的风险控制计划	项目主责，公司指导
7	生产与工期管理（施工过程）	（1）项目生产与工期管理计划； （2）施工准备及项目开工管理； （3）施工进度控制； （4）施工作业面管理及每日情况报告； （5）施工进度检查与考核	项目按工期要求完成	（1）合理安排工程进度，避免窝工和机械设备、周转材料的浪费； （2）避免工期被索赔	项目主责，公司指导
8	质量管理（施工过程）	（1）项目质量控制计划； （2）检验与试验； （3）质量控制； （4）质量验收； （5）成品保护	质量达到合同要求，避免出现质量事故	使项目预防成本与损失成本比率达到最佳值	项目主责，公司指导

续表

序号	管理制度	主要内容	制度系统目标	成本管理目标	责任归属
9	技术管理（施工过程）	（1）技术标准规范管理； （2）图纸会审； （3）工程洽商与设计变更； （4）施工组织设计； （5）施工方案； （6）技术交底； （7）技术复核； （8）技术资料； （9）计量器具； （10）新技术开发与应用	实现项目的技术管理	（1）通过优化施工方案和施工组织设计实现降低成本； （2）通过工程洽商与设计变更增加项目收入	项目主责，公司指导
10	安全管理（施工过程）	（1）日常施工安全及职业健康管理； （2）安全教育与培训； （3）安全巡视与检查； （4）应急救援； （5）安全事故处理及成本分析； （6）现场作业人员防保用品； （7）消防工作； （8）项目保安工作	实现项目的安全和健康管理目标	使项目预防成本与安全事故损失比率达到最佳值	项目主责，公司指导
11	环境管理（施工过程）	（1）环境管理实施计划； （2）环境监察与监测； （3）环境应急准备与应急措施； （4）卫生防疫； （5）项目节能减排	实现项目的环境管理目标	使项目预防成本与造成环境事故的损失最小	项目主责，公司指导
12	物资与设备管理（施工过程）	（1）项目物资及设备日常管理； （2）物资需用计划； （3）供应商管理； （4）物资采购； （5）物资验收与检验； （6）物资贮存； （7）物资使用及盘点； （8）建设方提供的物资； （9）周转料具管理； （10）设备租赁管理； （11）设备进（退）场管理； （12）设备日常运转管理	实现项目物资设备的购、管、用的有效管理	实现物资设备采购、租赁的价格控制、储存管理和使用控制	采购公司主责，保管和使用项目主责
13	分包管理（施工过程）	（1）分包商注册； （2）分包商考核； （3）分包商选择、进场、使用管理、退场； （4）分包结算	按期、保质完成分包工程	分包成本控制在预算收入之内	项目主责，公司监控
14	合同管理（施工过程）	（1）合同订立管理； （2）合同履行管理； （3）索赔管理制度； （4）索赔管理体系； （5）索赔程序管理； （6）合同索赔档案管理	合同订立、履行公正、合理。索赔及时、完整	确保企业利益不受损失，收入完整	项目主责，公司监控

序号	管理制度	主要内容	制度系统目标	成本管理目标	责任归属
15	预结算管理（施工过程）	（1）预（结）算编制与确认； （2）项目部对总包结算会签制度； （3）公司对总包结算的会签制度； （4）工程结算工作的奖罚； （5）工程结算的总结	确保预（结）算工作按时完成	确保预（结）收入合理完整	项目主责、公司监控
16	资金管理（施工过程）	（1）投标保函、保证金管理； （2）履约保函、保证金管理； （3）工程预付款和进度款管理； （4）垫资施工管理； （5）工程结算和尾款的回收管理	确保按合同回收工程款	资金成本控制在计划范围之内	项目主责、公司监控
17	成本管理（施工过程）	（1）项目施工成本目标和管理目标； （2）成本管理运行程序及相应规章制度； （3）岗位职责及岗位指标； （4）成本降低措施； （5）项目施工成本核算办法； （6）成本控制制度和执行； （7）成本分析制度和方法	确保施工过程管理制度落实到位	按照项目部实施计划实现成本控制目标	项目主责、公司指导
18	收尾管理（施工过程）	（1）项目收尾工作计划； （2）现场清理； （3）工程移交与工程竣工结算； （4）工程资料归档及移交； （5）保修期管理； （6）工程总结及项目部撤离； （7）项目部撤销	完成项目收尾工作	避免人员撤离造成损失	公司主责，项目执行
19	信息与沟通管理（施工过程）	（1）信息与沟通需求识别； （2）项目信息管理计划； （3）日常信息管理	信息通畅	成本信息及时，避免损失	项目主责，公司指导
20	综合事务管理（施工过程）	（1）项目部综合事务管理计划； （2）项目部办公秩序管理； （3）项目部生活服务管理； （4）项目法律事务管理； （5）项目 CI 形象管理； （6）项目部资产管理； （7）项目部接待及重大活动管理	项目部各项事务管理无死角	项目成本管理无死角	项目主责，公司指导
21	项目审计（全过程）	（1）审计计划与审计立项； （2）制定切实可行审计方案； （3）工程项目前期审计； （4）工程项目过程审计； （5）事后审计与终结审计； （6）审计问题反馈与建议	工程项目内部工程审计目标是真实、合法、有效	对工程项目内部承包经营目标完成情况进行审计	公司主责，项目配合
22	薪酬与考核管理（全过程）	（1）项目薪酬管理； （2）风险抵押金管理； （3）奖惩的原则； （4）奖惩的规定； （5）项目管理目标责任考核与兑现	以企业薪酬制度为基础建立，坚持效率优先，兼顾公平，项目部人员的薪酬应高于企业同级其他人员的水平	企业对项目部按照企业效益与项目收益配比的原则进行绩效考核与奖罚	公司主责，项目配合

4.2　园林绿化工程施工成本预测

4.2.1　施工成本预测的概述

4.2.1.1　施工成本预测的概念

　　成本预测就是依据成本的历史资料和有关信息，在认真分析当前各种技术经济条件、外界环境变化及可能采取的管理措施的基础上，对未来的成本与费用及其发展趋势所作的定量描述和逻辑推断。

　　园林绿化工程施工成本预测是通过成本信息和施工的具体情况，对未来的成本水平及其发展趋势作出科学的估计。其实质就是园林绿化工程在施工以前对成本进行核算。通过园林绿化工程施工成本预测，项目经理部在满足业主和企业要求的前提下，确定园林绿化工程施工降低成本的目标，为园林绿化工程施工降低成本提供决策与计划的依据。

4.2.1.2　施工成本预测的作用

1. 投标决策的依据

　　企业在投标决策时首先要估计园林施工成本的情况，通过与施工图概预算的比较才能分析出项目是否盈利、利润大小等。然后确定是否对园林绿化工程投标。

2. 编制成本计划的基础

　　首先遵循客观经济规律，从实际出发对成本作出科学的预测，才能保证成本计划不脱离实际，切实起到控制项目成本的作用。

3. 成本管理的重要环节

　　成本预测是在分析各种经济与技术要素对成本升降影响的基础上，推算其成本水平变化的趋势及其规律性，预测实际成本。成本预测有利于及时发现问题，找出成本管理中的薄弱环节，从而采取措施、控制成本。

4.2.2　施工成本预测的分类与步骤

4.2.2.1　施工成本预测的分类

　　施工成本预测的分类通常按照成本预测过程、成本预测项目、预测价格组成等方式进行分类，分类如下：

　　（1）按照成本预测过程：标前成本预测、编制计划前的成本预测、成本计划执行中的成本预测；

　　（2）按照成本预测项目组成：工程项目成本预测、单位工程成本预测、分部工程初步预测；

　　（3）按照成本预测价格组成：直接成本预测、间接成本预测。

4.2.2.2　施工成本预测的步骤（图 4-2）

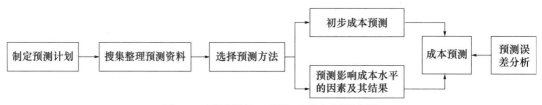

图 4-2　园林绿化工程施工成本预测步骤

1. 制订预测计划

预测计划的内容主要包括：组织领导及工作布置、配合的部门、时间进度、搜集材料范围等。

2. 搜集和整理预测资料

预测资料一般有纵向和横向的两方面数据：纵向资料是施工单位各类材料的消耗及价格的历史数据，据此分析其发展趋势；横向资料是指同类施工项目的成本资料，据此分析预测项目与同类项目的差异，并作出估计。

3. 选择预测方法

成本预测的方法有定性预测方法和定量预测方法。

4. 初步成本预测

根据定性预测的结果以及相关横向成本资料的定量预测，对成本进行初步估计，这一步结果比较粗，需要结合现在的成本水平进行修正，才能保证预测结果的准确性。

5. 分析影响成本水平的因素

施工项目成本影响因素分析见表4-4。

施工项目成本影响因素分析   表4-4

成本构成	影响因素分析		成本预测的目的	
			为中标签约	为编制成本计划
材料费（机械费）	工程量变动影响材料及机械费用量的变动	（1）分部分项工程量的变动（可能的图纸变更）； （2）采取一定的技术组织措施导致的变动	可不计此项	取减少量
		（3）事先预测的工程量变动，如隐蔽工程、图纸未充分反映的工程量、因施工方便的临时设施工程（便道、临时积水排水设施）	取增加量或低价中标后索赔时补偿	取减少量
	单位工程量的材料消耗（机械台班数、单耗水平）	（1）某一分部分项工程某种材料单耗的变化； （2）整个项目施工中某种材料单耗的变化； （3）采用新材料、新技术、新工艺或替代材料使某种材料单耗的变化； （4）科学的材料管理措施，使所有材料单耗降低	取增加值或定额值	取小于定额值
	单位材料价格（机械台班费或租赁费）	（1）受经济和园林行业市场形势的影响； （2）受建筑材料价格指数的影响； （3）受大宗商品期货指数影响	按照最高值调增或索赔补偿	—
		（4）使用代用材料、新材料使原定额该种材料用量降低	不计入此项	按此项调减
人工费	工程量变动	影响人工费的变动	—	—
	劳动生产率变动	（1）技术培训、职业教育； （2）施工组织、劳动纪律； （3）劳动条件改善、提高劳动效率	取定额值	
		（4）赶工期、加班、不利天气局部降低劳动生产率	—	
		（5）利用新技术，新工艺等提高全项目或局部劳动生产率	—	

续表

成本构成	影响因素分析		成本预测的目的	
			为中标签约	为编制成本计划
人工费	每工日人工费变动	（1）受经济及园林行业周期影响； （2）受最低工资政策影响； （3）受劳动力市场影响； （4）赶工期加班工资的影响	取调增值或索赔补偿	按定额适当调整
其他直接费	二次运输费、场地清理费、检验费、试验费	（1）现场管理水平、现场客观条件； （2）施工组织设计、施工安全防护； （3）同类工程，每平方米直接费	取所有可能项目的上限值	（1）取可能发生项目的下限值； （2）取可控项目的下限值； （3）删去可避免值
施工间接费	职工工资、职工福利费、工程保修费	（1）项目工程规模，距离基地远近； （2）管理人员数量、临时设施搭建量； （3）管理人员工资水平； （4）同类工程，每平方米间接费		

6. 成本预测

根据初步的成本预测以及对成本水平变化因素预测结果，确定该施工项目的成本情况，包括人工费、材料费、机械使用费和其他直接费等。

7. 预测误差分析

成本预测是对施工项目实施之前的成本预算和推断，这与项目实施过程及其后的实际成本有出入，而产生预测误差。

4.2.3　施工项目目标成本预测方法

4.2.3.1　定性预测方法

园林绿化工程施工成本的定性预测指成本管理人员根据已掌握的信息资料和直观材料，依靠具有丰富经验和分析的内行和专家，运用主观经验，对园林绿化工程施工项目的材料消耗、市场行情及成本等，做出性质上和程度上的推断和估计，然后把各方面的意见进行综合，作为预测成本变化的主要依据。

1. 专家会议法

专家会议法又称集合意见法，是将有关人员集中起来，针对预测对象交换意见，预测工程成本。

2. 专家调查法（德尔菲法）

首先草拟调查提纲，提供背景资料，广泛征询不同专家预测意见，最后再汇总调查结果。对于调查结果，要整理出书面意见和报表。这种方法具有匿名性，费用不高，节省时间，采用该方法要比一个专家的判断预测或一组专家开会讨论得出的预测结果准确一些，一般用于较长期的预测。

4.2.3.2　定量预测方法

定量预测也称统计预测，它是根据已掌握的比较完备的历史统计数据，运用一定的数学方法进行科学的加工整理，借以揭示有关变量之间的规律性联系，用于推测未来发展变化情况的预测方法。定量预测基本上可以分为两类：

1. 时间序列预测法

它是以一个指标本身的历史数据的变化趋势去寻找市场的演变规律，作为预测的依据，即把未来作为过去历史的延伸。

2. 回归预测法

它是从一个指标与其他指标的历史和现实变化的相互关系中探索它们之间的规律性联系，作为预测未来的依据。

定量预测的优点：偏重于数量方面的分析，重视预测对象的变化程度，能作出变化程度在数量上的准确描述；它主要把历史统计数据和客观实际资料作为预测的依据，运用数学方法进行处理分析，受主观因素的影响较少；它可以利用现代化的计算方法，进行大量的计算工作和数据处理，求出适应工程进展的最佳数据曲线。其缺点是比较机械，不易灵活掌握，对信息资料质量要求较高。

4.2.4　施工项目目标成本的编制和分解

编制中的关键前提是确定目标成本，即成本管理所要达到的目标，通常以项目成本总降低额和降低率来定量的表示成本目标。

1. 定额估算法

该方法的步骤及公式如下：

（1）根据已有的投标、预算资料，确定中标合同价与施工图预算的总价格差。

（2）根据技术组织措施计划确定技术组织措施带来的项目节约数。

（3）对施工预算未能包括的项目，包括施工有关项目和管理费用项目，参照定额加以估算。

（4）对实际成本可能明显超出或低于定额的主要子项，按实际支出水平估算出其实际与定额水平之差。

（5）充分考虑不可预见因素，工期制约因素以及风险因素，市场价格波动因素，加以试算调整，得出一综合影响系数。

$$目标成本降低额＝[（1）＋（2）－（3）±（4）][（1）＋（5）]$$

$$目标成本降低率＝\frac{目标成本降低额}{项目的预算成本}×100\%$$

2. 施工预算法

施工预算法，是指主要以施工图中的工程实物量，套以施工工料消耗定额，计算工料消耗量，并进行工料汇总，然后统一以货币形式反映其施工生产消耗水平，以施工工料消耗定额计算施工耗费水平，基本是一个不变的常数。一个施工项目要实现较高的经济效益（即提高降低成本水平），就必须在这个常数基础上采取技术节约措施，以降低消耗定额的单位消耗量和降低价格等措施，来达到成本计划的目标成本水平。因此，采用施工预算法编制成本计划时，必须考虑结合技术节约措施计划，以进一步降低施工生产耗费水平。用公式表示为：

$$计划成本＝施工预算施工生产耗费水平－技术节约措施$$
$$（目标成本）（工料消耗费用）（计划节约额）$$

3. 技术节约措施法

技术节约措施法是指以该施工项目计划采取的技术组织措施和节约措施所能取得的经济效果为施工项目降低成本额，然后求取施工项目的计划成本的方法。用公式表示：

$$施工项目计划成本＝施工项目预算成本－技术节约措施计划节约额（降低成本额）$$

4. 成本习性法

成本习性法是固定成本和变动成本在编制成本计划中的应用，主要按照成本习性，将成本分成固定成本和变动成本两类，以此作为计划成本。

（1）材料费。与产量有直接联系，属于变动成本。

（2）人工费。在计时工资形式下，生产工人工资属于固定成本。

（3）机械使用费。其中有些费用随产量增减而变动，如燃料、动力费，属变动成本。有些费用不随产量变动，如机械折旧费、大修理费、机修工、操作工的工资等，属于固定成本。

另外还有机械的场外运输费和机械组装拆卸、替换配件、润滑擦拭等经常修理费，由于不直接用于生产，也不随产量增减成正比例变动，而是在生产能力得到充分利用，产量增长时，所分摊的费用就要少些，在产量下降时，所分摊的费用就要大一些，所以这部分费用为介于固定成本和变动成本之间的半变动成本，可按一定比例划归固定成本与变动成本。

（4）其他直接费。水、电、气等费用以及现场发生的材料二次搬运费，死亡材料补植费等属于变动成本。

（5）施工管理费。工作人员工资、生产工人辅助工资、工资附加费、办公费、差旅，固定资产使用费、职工教育费、上级管理费等基本上属于固定成本。检验试验费、外单位管理费与产量增减有直接联系，则属于变动成本范围。此外，劳动保护费中的劳保服装费、防寒用品费，劳动部门都有规定的领用标准和使用年限，基本上属于固定成本范围。技术安全措施、保健费，大部分与产量有关，属于变动成本范围。工具用具使用费中，行政使用的家具属于固定成本，工人领用工具，按规定使用年限定期以旧换新属于固定成本，而对民工工资，则又属于变动成本。

在成本按习性划分为固定和变动成本后，可用下列公式计算项目计划成本：

施工项目计划成本＝施工项目变动成本总额＋施工项目固定成本总额

4.3　园林绿化工程施工成本计划

4.3.1　施工成本计划的概述

施工成本计划是以货币形式编制工程项目施工在计划期内的生产费用、成本水平、成本降低率以及为降低成本所采取的主要措施和规划的书面方案，它是建立工程项目施工成本管理责任制、开展成本控制和核算的基础，同时也是降低施工成本的指导文件，是设立施工目标成本的依据。

施工成本计划是施工目标成本的一种形式。按照成本计划在施工项目阶段所发挥的作用可以分为以下竞争性成本计划、指导性成本计划、实施性成本计划三类，见表4-5。

施工成本计划的类型及特点 表 4-5

类型	制订成本计划依据	确定成本计划方法	备注
竞争性成本计划	以招标文件中的合同条件、投标者须知、技术规范、设计图纸和工程量清单为依据	以有关价格条件说明为基础，结合调研、现场踏勘、答疑获得的情况，根据施工企业自身的工料消耗标准、水平、价格资料和费用指标，对本企业完成投标工作所需要支出的全部费用进行估算	虽考虑降低成本的途径和措施，但总体上比较粗略

续表

类型	制订成本计划依据	确定成本计划方法	备注
指导性成本计划	以合同价为依据	按照企业的预算定额标准制定预算成本计划	是项目经理的责任成本目标
实施性成本计划	项目实施方案为依据	以落实项目经理责任目标为出发点，采用企业的施工定额，以施工预算编制而形成的成本计划	项目施工准备阶段的施工预算成本计划

三类成本计划的相互衔接和不断深化，构成了整个工程项目施工成本的计划过程。其中，竞争性成本计划带有成本战略的性质，是施工项目投标阶段商务标书的基础，而有竞争力的商务标书又是以其先进合理的技术标书为支撑的。因此，它奠定了施工成本的基本框架和水平。指导性成本计划和实施性成本计划，都是战略性成本计划的进一步开展和深化，是对战略性成本计划的战术安排。此外，根据施工项目管理的需要，成本计划又可按照施工成本组成、按施工项目组成、按施工进度分别编制施工成本计划。

4.3.2 施工成本计划的组成

4.3.2.1 直接成本计划

（1）总则。包括对园林绿化工程施工项目的概述，项目管理机构及层次介绍，有关园林绿化工程的进度计划、外部环境特点。对合同中有关经济问题的责任、成本计划编制中依据其他文件及其他规格所作的计划也均应作总则内容。

（2）目标及核算原则。包括园林绿化工程施工降低成本计划及计划利润总额、投资和外汇总节约额（如有）、主要材料和能源节约额、货款和流动资金节约额等。核算原则系指参与项目的各单位在成本、利润结算中采用何种核算方式，如承包方式、费用分配方式、会计核算原则（权责发生制与收付实现制）、结算款所用币种币制等。

（3）成本计划总表。园林绿化工程施工项目主要部分的分部成本计划，如园林施工部分，编写园林绿化工程施工成本计划，按直接费、间接费、计划利润的合同中标数、计划支出数、计划降低额分别填入。如有多家单位参与施工时，要分单位编制后再汇总。

（4）成本计划中计划支出数估算过程的说明。对材料、人工、机械费、运费等主要支出项目加以分解。以材料费为例，应说明钢材等主要材料和加工预制品的计划用量、价格，模板摊销列入成本的幅度，脚手架等租赁用品计划付多少款，材料采购发生的成本差异是否列入成本等。

（5）计划降低成本的来源分析。反映项目管理过程计划采取的增产节约、增收节支和各项措施及预期效果。

4.3.2.2 间接成本计划

主要反映园林绿化工程施工现场管理费用的计划数、预算收入数及降低额。间接成本计划应根据园林绿化工程项目的核算期，以项目总收入费的管理费为基础，制订各部门费用的收支计划，汇总后作为园林绿化工程项目的管理费用的计划。在间接成本计划中，收入应与取费口径一致，支出应与会计核算中管理费用的二级科目一致。间接成本计划的收支总额应与项目成本计划中管理费一栏的数额相符。各部门应按照节约开支、压缩费用的原则，制订"管理费用归口包干指标落实办法"，以保证该计划的实施。

4.3.3 施工成本计划的编制

4.3.3.1 施工成本计划的编制依据

（1）成本费用估算。由于园林项目的中标造价在中标前是以概预算的数据库为基础计算得到的，因此中标后其中的直接费数据对园林施工阶段的成本控制仍具有意义，即施工图预算应是园林施工成本控制的基础。施工图预算不仅是中标的前提条件，也是整个施工期采取一切成本控制手段的依据。如采用概预算定额计价，预算数据按单位工程取费汇总。因此此时的成本数据应按分部分项工程划分，如按工程量清单方式计价，则可直接采用分部分项成本数据。

（2）项目的进度计划。项目费用计划的编制与项目进度计划的编制、进度目标的确定也是密切相关的。根据 FIDIC 条款的规定，承包商最迟要到验工计价后 56 日才能得到付款。如果业主不提供预付款的话，在园林绿化工程实施的早期，承包商必须自备较大数额的流动资金。如果成本费用计划不依据进度计划制订，会导致在项目实施中由于资金筹措不及时而影响进度，或由于资金筹措过早而增加利息支付。

（3）在园林绿化工程施工成本计划中还要考虑的因素。园林绿化工程施工项目与公司签订的项目经理责任合同，其中包括园林绿化工程施工责任成本指标及各项管理目标；根据施工图计算的工程量及参考定额；施工组织设计及分部分项施工方案；劳务分包合同及其他分包合同；项目岗位成本责任控制指标。

4.3.3.2 施工成本计划的编制程序

施工成本计划的编制程序因园林绿化工程的规模大小、管理要求不同而不同。大中型项目一般采用分级编制的方式，即先由各部门提出部门成本计划，再由项目经理部汇总编制全项目工程的成本计划；小型项目一般采用集中编制方式，即由项目经理部先编制各部门成本计划，再汇总编制全项目的成本计划。其编制程序如图 4-3 所示。

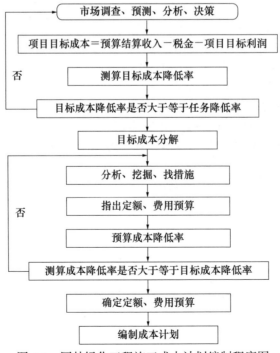

图 4-3　园林绿化工程施工成本计划编制程序图

4.3.3.3 编制园林绿化工程施工成本计划所需的资料

（1）成本预测与决策资料。

（2）测算的目标成本资料。

（3）与成本计划有关的其他生产经营计划资料，如工程量计划、物资消耗计划、工资计划、固定资产折旧计划、园林工程质量计划、银行借款计划等。

（4）园林绿化工程施工项目上期成本计划执行情况及分析资料。

（5）历史成本资料。

（6）同类行业、同类产品成本水平资料。

4.3.3.4 施工成本编制的方法

施工成本计划的编制以成本预测为基础，关键是确定目标成本。施工成本计划的编制需要结合施工组织设计的编制，通过不断地优化施工技术方案和合理配置生产要素，进行人、机、料消耗分析，制定一系列节约成本的措施，确定施工成本计划。施工成本总额一般应控制在目标成本总额之内，并使成本计划建立在切实可行的基础上。施工总成本目标确定以后，还需要编制详细的具有实施性的施工成本计划，把目标成本逐层分解，落实到施工过程的每一个环节，有效地进行成本控制。施工成本计划的编制方式主要有：按施工成本组成编制施工成本计划、按项目组成编制施工成本计划、按工程进度编制施工成本计划。

1. 按施工成本组成编制施工成本计划

施工成本可以按成本构成分解为人工费、材料费、施工机械使用费和管理费，按照每一项编制成本计划。

2. 按施工项目组成编制施工成本计划

大中型的工程项目通常是由若干单项工程构成的，而每个单项工程包括了多个单位工程，每个单位工程又是由若干个分部分项工程构成，因此，首先要把项目总施工成本分解到单项工程和单位工程中，再进一步分解为分部工程和分项工程，图 4-4。

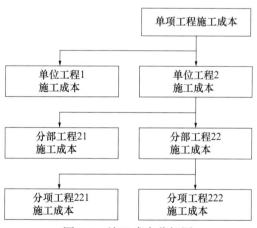

图 4-4 施工成本分解图

3. 按工程进度编制施工成本计划

编制按时间进度的施工成本计划，通常可利用控制项目进度的网络图进一步扩充而得。即在建立网络图时，一方面确定完成各项工作所需花费的时间，另一方面同时确定完成这一工作的合适的施工成本支出计划。

通过按时间分解施工成本目标，在网络计划基础上，可获得项目进度计划的横道图，并在此基础上编制成本计划。其表示方式有两种：一种是在时标网络图上按月编制的成本计划，如图 4-5 所示；另一种是利用时间、成本曲线（S 形曲线）表示，如图 4-6 所示。

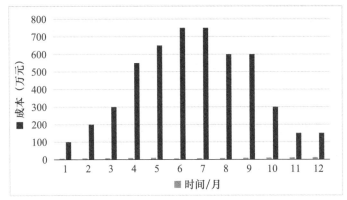

图 4-5　时标网络图上按月编制的成本计划

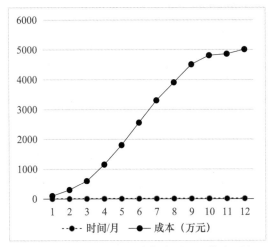

图 4-6　时间—成本累计曲线（S 形曲线图）

（1）确定工程项目进度计划，编制进度计划的横道图。

（2）根据每单位时间内完成的实物工程量或投入的人力、物力和财力，计算单位时间的成本，在时标网络图上按时间编制成本支出计划。

（3）计算规定时间计划支出的累计支出成本额，其计算方法为各单位时间计划完成的成本额累加求和：

$$Q_t = \sum_{n=1}^{t} q_n$$

式中　Q_t——时间 t 计划累计成本支出额；

　　　q_n——单位时间 n 计划支出成本额；

　　　t——某规定计划时刻。

（4）按规定时间的 Q_t 值，绘制 S 形曲线

每一条 S 形曲线都对应某一特定的工程进度计划。因为在进度计划的非关键路径中存在很多有时差的工序，因而 S 形曲线（成本计划值曲线）必然包括在由全部工作都按最早可以时间开始和按最迟必须时间开始的曲线所围成的"香蕉图"内，项目经理可根据编制的成本

支出计划来合理安排资金，同时项目经理也可以根据筹措的资金来调整 S 形曲线，即通过调整非关键路径上的工序项目的最早或最迟开工时间，力争将实际的成本支出控制在计划的范围内。一般说来，如果所有工作都按最迟开始时间开始，对节约资金贷款利息是有利的；但同时也降低了项目按期竣工的可能性，因此项目经理必须合理确定成本支出计划，达到既节约成本支出，又能控制项目工期的目的。

以上三种编制施工成本计划的方法并不是相互独立的。在实践中，往往是将这几种方法结合起来使用，从而达到扬长避短的效果。例如：将按子项目分解项目总施工成本与按施工成本构成分解项目总施工成本两种方法相结合，横向按施工成本构成分解，纵向按子项目分解，或相反。这种分解方法有助于检查各分部分项工程施工成本构成是否完整，有无重复计算或漏算；同时还有助于检查各项具体的施工成本支出的对象是否明确或被落实，并且可以从数字上校核分解的结果有无错误。或者还可将按子项目分解项目总施工成本计划与按时间分解项目总施工成本计划结合起来，一般纵向按子项目分解，横向按时间分解。

4.4　园林绿化工程施工成本控制

4.4.1　施工成本控制的概念

园林绿化工程施工成本控制，是指项目经理部在项目成本形成的过程中，为控制人、机、材消耗和费用支出，降低园林绿化工程成本，达到预期的项目成本目标，所进行的成本预测、计划、实施、核算、分析、考核、整理成本资料与编制成本报告等一系列活动。

园林绿化工程施工成本的控制是在成本发生和形成的过程中对成本进行的监督检查。由于成本的发生和形成是一个动态的过程，决定了成本的控制是一个动态过程，因此也可称为成本的过程控制。这一特点决定了成本的过程控制既是成本管理的重点也是成本管理的难点。

4.4.2　施工成本控制的原则

4.4.2.1　全面控制原则

（1）园林绿化工程施工成本的全员控制。园林绿化工程施工成本的全员控制并不是抽象的概念，而应该有一个系统的实质性内容，其中包括各部门、各单位的责任网络和班组经济核算等，防止成本控制人人有责又都人人不管。

（2）园林绿化工程施工成本的全过程控制。园林绿化工程施工成本的全过程控制，是指在园林绿化工程项目确定以后，自施工准备开始，经过园林绿化工程施工，到竣工交付使用后的保修期结束，其中每一项经济业务都要纳入成本控制的轨道。

4.4.2.2　动态控制原则

（1）园林绿化工程施工是一次性行为，其成本控制应更重视事前、事中控制。

（2）在施工开始之前进行成本预测，确定目标成本，编制成本计划，制订或修订各种消耗定额和费用开支标准。

（3）施工阶段重在执行成本计划，落实降低成本措施，实行成本目标管理。

（4）成本控制随园林绿化工程施工过程连续进行，与施工进度同步，不能时紧时松，不能拖延。

（5）建立灵敏的成本信息反馈系统，使成本责任部门（人员）能及时获得信息、纠正不利成本偏差。

（6）制止不合理开支，把可能导致损失和浪费的苗头消灭在萌芽状态。

（7）竣工阶段成本盈亏已成定局，主要进行整个园林绿化工程施工的成本核算、分析、考评。

4.4.2.3　开源与节流相结合原则

降低园林绿化工程施工成本，需要一面增加收入，一面节约支出。因此，每发生一笔金额较大的成本费用，都要查一查有无与其相对应的预算收入，是否支出大于收入。

4.4.2.4　目标管理原则

目标管理是贯彻执行计划的一种方法，它把计划的方针、任务、目的和措施等逐一加以分解，提出进一步的具体要求，并分别落实到执行计划的部门、单位甚至个人。

4.4.2.5　节约原则

园林绿化工程施工生产既是消耗资财人力的过程，也是创造财富增加收入的过程，其成本控制也应坚持增收与节约相结合的原则。

4.4.2.6　责、权、利相结合原则

要使成本控制真正发挥及时有效的作用，必须严格按照经济责任制的要求，贯彻责、权、利相结合的原则。实践证明，只有责、权、利相结合的成本控制才是名实相符的园林绿化工程施工成本控制。

4.4.2.7　例外管理原则

在建设工程项目建设过程的诸多活动中，有许多活动是例外的，这些"例外"问题，往往是关键性问题，对成本目标的顺利完成影响很大，须高度重视。在成本控制中，属于例外问题的通常有以下四种：

1. 成本项目的重要性

重要性是根据成本差异金额的大小来决定的。在金额上具有重要意义的差异，属于例外问题，需给予特别重视。这个金额的确定，应当根据施工项目的具体情况规定，如差异额达到目标成本 10% 以上即视为例外。注意，这里所说的差异，既包括有利差异又包括不利差异。实际成本低于目标成本过多并不一定是好事，它可能给后续分部分项工程或作业带来不利影响，或者导致工程质量低，除了可能带来返工和增加保修费用支出外，还会影响施工企业的信誉。当然，在达到设计文件和承包合同要求的前提下，追求成本的有利差异，达到施工成本控制的最终目标。

2. 成本项目的一惯性

尽管有些成本差异未达到或超过规定的百分率或最低金额，但一直在控制线的上下限附近徘徊，也应视为例外。因为这可能表示，原来的成本标准已经过时或不准确，应该根据实际情况及时进行调整。

3. 控制能力

凡是项目管理人员无法控制的成本项目，即使发生较大的差异，也不应视之为例外。如土地拆迁补偿费、临时租赁费用的上升及通货膨胀的发生等。

4. 成本项目的特殊性

凡对项目施工全过程都有影响的成本项目，即使差异没有达到重要性的地位，也应受到成本管理人员的密切注意。如片面强调节约机械维修费用，在短期内虽然可以降低成本，但由于维修不及时或不足可能造成未来的停工修理，从而影响正常施工，导致延长工期，这些

损失可能远比节约的维修费用大得多。

4.4.3　施工成本控制的依据

4.4.3.1　园林绿化工程承包合同

园林绿化工程施工成本控制要以园林绿化工程承包合同为依据，围绕降低园林绿化工程成本这个目标，从预算收入和实际成本两方面，努力挖掘增收节支潜力，以求获得最大的经济效益。

4.4.3.2　园林绿化工程施工成本计划

园林绿化工程施工成本计划是根据园林绿化工程施工的具体情况制定的园林绿化工程施工成本控制方案，既包括预定的具体成本控制目标，又包括实现控制目标的措施和规划，是园林绿化工程施工成本控制的指导文件。

4.4.3.3　进度报告

进度报告提供了每一时刻园林绿化工程实际完成量、园林绿化工程施工成本实际支付情况等重要信息。园林绿化工程施工成本控制工作通过实际情况与园林绿化工程施工成本计划相比较，找出两者之间的差别，分析偏差产生的原因，从而采取措施改进以后的工作。此外，进度报告还有助于管理者及时发现园林工程实施中存在的隐患，并在事态还未造成重大损失之前采取有效措施，尽量避免损失。

4.4.3.4　园林绿化工程变更

在园林绿化工程的实施过程中，由于各方面的原因，园林绿化工程变更是很难避免的。园林绿化工程变更一般包括设计变更、进度计划变更、施工条件变更、技术规范与标准变更、施工次序变更、工程数量变更等。一旦出现变更，工程量、工期、成本都必将发生变化，从而使得园林绿化工程施工成本控制工作变得更加复杂和困难。因此，园林绿化工程施工成本管理人员就应当通过对变更要求当中各类数据的计算、分析，随时掌握变更情况，包括已发生工程量、将要发生工程量、工期是否拖延、支付情况等重要信息，判断变更以及变更可能带来的索赔额度等。

除了上述几种园林绿化工程施工成本控制工作的主要依据以外，有关园林绿化工程施工组织设计、分包合同文本等也都是园林绿化工程施工成本控制的依据。

4.4.4　施工成本控制的对象

园林绿化工程施工成本控制的对象及其具体内容，见表4-6。

园林绿化工程施工成本控制的对象 表4-6

序号	控制对象	内　　容
1	施工成本的费用组成项目为控制对象	（1）人工费的控制； （2）材料费的控制按照"量价分离"的原则，一是材料用量的控制，二是材料价格的控制； （3）机械费的控制。机械费用主要由台班数量和台班单价决定，通过合理安排施工生产、加强设备租赁计划、调度安排、维修保养管理等措施有效控制台班费用支出； （4）管理费的控制。根据现场施工管理费在项目施工计划总成本的比重，确定施工项目经理施工管理费总额；编制项目经理部施工管理费总额预算和各管理部门的施工管理费预算；制定项目施工管理开支标准和范围，落实各部门条线和岗位的控制责任；施工费使用的审批，报销程序等

序号	控制对象	内　　容
2	施工成本形成的过程作为控制的对象	（1）工程投标阶段。根据工程概况和招标文件，进行项目成本预测，提出投标决策意见； （2）施工准备阶段。结合设计图样的自审、会审和其他资料（如地质勘探资料等），编制实施性施工组织设计，通过多方案的技术经济比较，从中选择经济合理、先进可行的施工方案，编制成本计划，进行成本目标风险分析，对项目成本进行事前控制； （3）施工阶段。以施工图预算、施工定额和费用开支标准等为依据，对实施发生的成本费用进行控制； （4）在竣工交付使用及保修期阶段。对竣工验收过程发生的费用和保修费用进行控制
3	以园林施工的职能部门、施工队和生产班组作为成本控制的对象	（1）项目经理和企业有关部门对职能部门、施工队和班组进行指导、监督、检查和考评； （2）项目的职能部门、施工队和班组还应对自己承担的责任成本进行自我控制
4	以分部分项园林工程作为成本的控制对象	根据分部分项园林工程的实物量，参照施工预算定额，编制包括工、料、机消耗数量以及单价、金额在内的施工预算，作为对分部分项工程成本进行控制的依据
5	以合同作为成本控制的对象	（1）根据业务要求规定的时间、质量、结算方式和履（违）约奖罚等条款作为成本控制对象； （2）将合同中涉及的数量、单价及总金额控制在预算以内

4.4.5　施工成本控制的步骤与程序

4.4.5.1　施工成本控制的步骤

（1）比较。按照某种确定的方式将园林绿化工程施工成本计划值与实际值逐项进行比较，以发现施工成本是否已超支。

（2）分析。在比较的基础上，对比较的结果进行分析，以确定偏差的严重性及偏差产生的原因。这一步是园林绿化工程施工成本控制工作的核心，其主要目的在于找出产生偏差的原因，从而采取有针对性的措施，减少或避免相同原因的再次发生或减少由此造成的损失。

（3）预测。根据园林绿化工程施工实施情况估算整个园林项目完成时的施工成本。预测的目的在于为决策提供支持。

（4）纠偏。当园林绿化工程项目的实际施工成本出现了偏差，应当根据园林绿化工程的具体情况、偏差分析和预测的结果采取适当的措施，以期达到使施工成本偏差尽可能小的目的。纠偏是施工成本控制中最具实质性的一步。只有通过纠偏，才能最终达到有效控制园林绿化工程施工成本的目的。

（5）检查。检查是指对园林绿化工程的进展进行跟踪和检查，及时了解园林绿化工程进展状况以及纠偏措施的执行情况和效果，为今后的工作积累经验。

4.4.5.2　施工成本控制的程序

1. 过程控制

由于成本发生和形成过程的动态性，决定了成本的过程控制必然是一个动态的过程，要搞好成本的过程控制，须有标准化、规范化的过程控制程序。一般控制程序如图4-7所示。

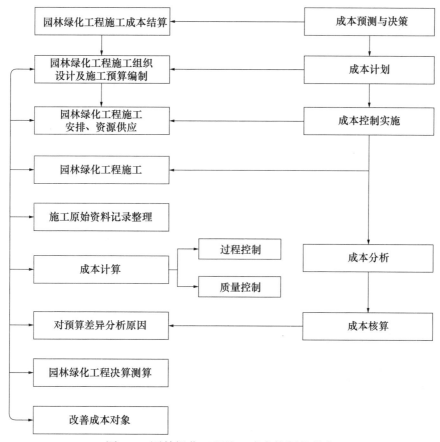

图 4-7　园林绿化工程施工成本控制的程序

2. 指标控制程序

园林绿化工程施工成本指标控制程序如下：

（1）确定园林绿化工程施工成本目标及月度成本目标。在园林绿化工程开工之初，项目经理部应根据公司与园林绿化工程项目签订的《项目承包合同》确定园林绿化工程施工项目的成本管理目标，并根据园林绿化工程进度计划确定月度成本计划目标。

（2）搜集成本数据，监测成本形成过程。过程控制的目的就在于不断纠正成本形成过程中的偏差，保证成本项目的发生在预定范围之内。因此，在园林绿化工程施工过程中要定时搜集反映施工成本支出情况的数据，并将实际发生情况与目标计划进行对比，从而保证成本的整个形成过程在有效的控制之下。

（3）分析偏差原因，制定对策。园林绿化工程施工过程是一个多工种、多方位立体交叉作业的复杂活动，成本的发生和形成是很难按预定的理想、目标进行的，因此需要对产生的偏差及时分析原因，分清是客观因素（如市场调价）还是人为因素（如管理行为失控），及时制订对策并予以纠正。

（4）用成本指标考核管理行为，用管理行为来保证成本指标。管理行为的控制程序和成本指标的控制程序是对园林绿化工程施工成本进行过程控制的主要内容，这两个程序在实施过程中是相互交叉、相互制约又相互联系的。在对成本指标的控制过程中，一定要有标准规范的管理行为和管理业绩，要把成本指标是否能够达到作为一个主要的标准。只有把成本指标的控制程序和管理行为的控制程序结合起来，才能保证成本管理工作有序、富有成效地进行下去。图 4-8 是园林绿化工程施工成本指标控制程序图。

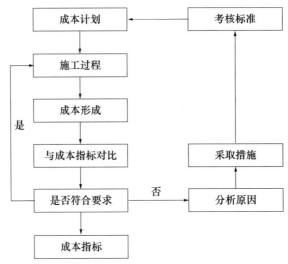

图 4-8 园林绿化工程施工成本指标控制程序图

4.4.6 施工成本控制的内容和途径

4.4.6.1 施工成本控制的内容

1. 投标阶段

（1）根据园林绿化工程概况和招标文件，联系建筑市场和竞争对手的情况进行成本预测，提出投标决策意见。

（2）中标以后，应根据园林绿化工程的建设规模组建与之相适应的项目经理部，同时以标书为依据确定项目的成本目标，并下达给项目经理部。

2. 施工准备阶段

（1）根据设计图纸和有关技术资料，对施工方法、施工顺序、作业组织形式、机械设备选型、技术组织措施等进行认真的研究分析，并运用价值工程原理制定出科学先进、经济合理的施工方案。

（2）根据企业下达的成本目标，以分部分项工程实物工程量为基础，联系劳动定额、材料消耗定额和技术组织措施的节约计划，在优化的施工方案的指导下，编制明细而具体的成本计划，并按照部门、施工队和班组的分工进行分解，作为部门、施工队和班组的责任成本落实下去，为今后的成本控制做好准备。

（3）间接费用预算的编制及落实。根据园林绿化工程建设时间的长短和参加建设人数的多少编制间接费用预算，并对上述预算进行明细分解，以项目经理部有关部门（或业务人员）责任成本的形式落实下去，为今后的成本控制和绩效考评提供依据。

3. 施工阶段

（1）加强施工任务单和限额领料单的管理，特别要做好每一个分部分项工程完成后的验收（包括实际工程量的验收和工作内容、工程质量、文明施工的验收）以及实耗人工、实耗材料的数量核对，以保证施工任务单和限额领料单的结算资料绝对正确，为成本控制提供真实可靠的数据。

（2）将施工任务单和限额领料单的结算资料与施工预算进行核对，计算分部分项工程的成本差异，分析差异产生的原因，并采取有效的纠偏措施。

（3）做好月度成本原始资料的收集和整理，正确计算月度成本，分析月度预算成本与实际成本的差异。对于一般的成本差异，要在充分注意不利差异的基础上认真分析有利差异产生的原因，以防对后续作业成本产生不利影响或因质量低劣而造成返工损失；对于盈亏比例异常的现象，要特别重视，并在查明原因的基础上采取果断措施，尽快加以纠正。

（4）在月度成本核算的基础上实行责任成本核算，也就是利用原有会计核算的资料，重新按责任部门或责任者归集成本费用，每月结算一次，并与责任成本进行对比，由责任部门或责任者自行分析成本差异和产生差异的原因，自行采取措施纠正差异，为全面实现责任成本创造条件。

（5）经常检查对外经济合同的履约情况，为顺利施工提供物质保证。如遇期限拖延或质量不符合要求时，应根据合同规定向对方索赔。对缺乏履约能力的单位，要采取断然措施，立即中止合同，并另找可靠的合作单位，以免影响施工，造成经济损失。

（6）定期检查各责任部门和责任者的成本控制情况，检查成本控制责、权、利的落实情况（一般为每月一次）。发现成本差异偏高或偏低的情况，应会同责任部门或责任者分析产生差异的原因，并督促他们采取相应的对策来纠正差异。如有因责、权、利不到位而影响成本控制工作的情况，应针对责、权、利不到位的原因调整有关各方的关系，落实责、权、利相结合的原则，使成本控制工作得以顺利进行。

4. 施工验收阶段

（1）精心安排，干净利落地完成园林绿化工程竣工扫尾工作，把竣工扫尾时间缩短到最低限度。

（2）重视竣工验收工作，顺利交付使用。在验收以前，要准备好验收所需的各种书面资料（包括竣工图）送甲方备查。对验收中甲方提出的意见，应根据设计要求和合同内容认真处理，如果涉及费用，应请甲方签证，列入工程结算。

（3）及时办理工程结算。工程结算造价等于原施工图预算值加减增减账。在工程结算时为防止遗漏，在办理工程结算以前，要求项目预算员和成本员进行一次认真全面的核对。

（4）在园林绿化工程保修期间，应由项目经理指定保修工作的责任者，并责成保修责任者根据实际情况提出保修计划（包括费用计划），以此作为控制保修费用的依据。

4.4.6.2　成本控制的途径

1. 以施工图预算控制成本支出

在施工项目的成本控制中，按照施工图预算实行"以收定支"，或者说"量入为出"常常是最有效的方式，主要包括：人工费的控制、材料费的控制、施工机械使用费的控制。

2. 应用成本与进度同步的方法控制

（1）根据预算材料耗用量确定计划材料耗用量，分析材料消耗水平和节超原因，制定节约材料措施，分别落实到班组。

（2）根据尚可使用数，联系项目施工形象进度，从总量上控制今后的材料消耗。

（3）应用成本与进度同步跟踪的方法控制分部、分项工程成本。即施工到什么阶段，就应该发生相应的成本费用。如果成本与进度不对应，就要作为"不正常"现象进行分析，找出原因，并加以纠正。

3. 加强质量管理，控制成本质量

控制质量成本，首先要从质量成本核算开始，然后进行质量成本分析和质量成本控制。

（1）质量成本核算：即将施工过程中发生的质量成本费用，按照预防成本、鉴定成本、内部故障成本和外部故障成本的明细科目归纳，然后计算各个时期各项质量成本的发生情况。

（2）质量成本分析：即根据质量成本核算的资料进行归纳、比较和分析，共包括四个分析内容：质量成本总额的构成内容分析；质量成本总额的构成比例分析；质量成本各要素之间的比例关系分析；质量成本占预算成本的分析。

（3）质量成本控制：根据表4-7所示的分析资料，对影响质量较大的关键因素，采取有效措施进行质量成本控制。

质量成本控制 表 4-7

序号	关键因素	控 制 措 施
1	降低返工、停工损失，将其控制在预算成本的1%以内	（1）对每道工序事先进行技术质量交底； （2）加强班组技术培训； （3）设置班组质量干事，把好第一道关； （4）设置施工队技术检测点，负责对每道工序进行质量复检和验收； （5）建立严格的质量奖惩制度，调动班组积极性
2	减少质量过剩支出	（1）施工员要严格掌握定额标准，要求在保证质量的前提下，使人工和材料消耗不超过定额水平； （2）施工员和材料员要根据设计要求和质量标准，合理使用人工和材料
3	健全材料验收制度，控制劣质材料额外支出	（1）材料员对现场绿化材料进行验收，发现有病虫害或规格、标准不符合要求时要拒收、退货、并向供应单位索赔； （2）根据材料质量不同，加以合理利用以减少损失
4	加强预防成本，强化质量意识	（1）建立从班组到施工队的质量QC攻关小组； （2）定期进行质量培训； （3）合理的增加质量奖励，调动职工积极性

4. 施工现场标准化管理

（1）优化现场平面布置与管理：材料堆放合理，控制二次搬运费；保持场内交通通畅；及时疏通排水系统。

（2）现场安全生产管理：严格按照操作规程施工；遵守机电设备的操作规程；重视消防工作和消防设施；注意卫生，预防发生食物中毒等。

5. 定期开展"三同步"检查，防止项目盈亏异常

项目经济核算的"三同步"就是统计核算、业务核算、会计核算"三同步"，做到完成多少产值，消耗多少资源，发生多少成本，三者同步。

6. 落实技术组织措施

落实技术组织措施，走技术与经济相结合的道路，以技术优势来取得经济效益，是降低项目成本的又一个关键。

7. 制定先进的、经济合理的施工方案，控制成本

施工方案主要包括四项内容：施工方法的确定、施工机具的选择、施工顺序的安排和流水施工的组织。施工方案的不同，工期就会不同，所需机具也不同，因而发生的费用也会不同。因此，正确选择施工方案是降低成本的关键所在。

4.5 园林绿化工程施工成本分析

4.5.1 施工成本分析概述

4.5.1.1 施工成本分析的概念

园林绿化工程施工的成本分析，一方面是根据统计核算、业务核算和会计核算提供的资料，对园林绿化工程施工成本的形成过程和影响成本升降的因素进行分析，以寻求进一步降低成本的途径（包括园林施工成本中的有利偏差的挖潜和不利偏差的纠正）；另一方面，通过成本分析，可从账簿、报表反映的成本现象看清成本的实质，从而增强园林绿化工程施工成本的透明度和可控性，为加强成本控制、实现园林绿化工程施工成本目标创造条件。因此，园林绿化工程施工成本分析，也是降低成本、提高项目经济效益的重要手段之一。

4.5.1.2 影响园林绿化工程施工成本变动的因素

影响成本高低的因素主要包括宏观的外部因素和微观的内部因素两大类。前者是指由于客观条件的改变虽会对工程成本产生影响，但施工企业或项目经理部却无法控制的因素，属于国民宏观经济范围，对项目的施工生产起着间接影响作用，如材料物资价格的变动、折旧率的调整、运费率的调高等，故又称外部客观因素。后者是指那些由于施工企业或项目经理部本身工作质量引起成本变动的因素，取决于企业或项目自身，与项目的施工生产密切相关，是决定成本高低的关键因素。如各项消耗定额的变动，劳动生产率的变动，费用开支的节约或浪费等，故又称内部主观因素。引起园林施工成本变动的因素见表4-8。

影响园林施工绿化工程成本变动的因素　　　　　表 4-8

变动因素	变动内容	具体表现
外部客观因素	材料物资市场价格变动	项目在施工生产过程中投入的生产要素，如绿化苗木、建筑材料、动力、低值易耗品、劳动保护用品等材料物资市场价格的上涨，必然导致施工项目直接成本项目材料费的升高，反之亦然
	市场需求的变动	在市场经济体制下，企业的施工生产规模直接受到建筑市场需求的影响
	财政金融政策的变化	如：国家紧缩银根、压缩信贷规模，或者提高贷款利率，都会导致项目因投入资金不足而限制正常施工能力的发挥，或者增加施工项目的财务费用，引起项目间接成本的升高
	同业竞争能力的变化	新技术、新工艺、新设备、新材料等不断应用，同行企业在不断提高竞争实力，本企业的施工设备、施工工艺等均需更新、提高，这些都需要时间和资金，也将导致短期内工程成本的上升
内部主观因素	劳动生产率水平	劳动生产率的提高，取决于劳动组织形式，劳动者个人的技术水平、劳动态度、工时利用情况及企业的技术装备；随着科学技术的日益进步，通过采用先进的施工技术和施工设备来大幅度地提高劳动生产率，将是降低工程成本的主要途径
	施工机械利用情况	提高施工机械设备的利用率，改善机械的工时利用情况，加强设备的管理和维修，及时做好机械设备的清理、调配工作，充分发挥现有机械设备的施工生产能力，可以减少工程成本中的折旧费和维修费

续表

变动因素	变动内容	具体表现
内部主观因素	材料、燃料及动力消耗情况	材料是构成施工项目实体的劳动对象，燃料及动力是机械化施工的能源，通常在工程成本中占有较大比重。在保证工程质量的前提下，通过开展材料综合利用、使用添加剂、提高能源利用效率等，改进材料采购及管理工作，可以降低项目的工程成本
	施工工艺技术水平	项目的施工方案是否合理，施工工艺、技术是否先进，也是影响工程成本的一个重要因素。采用先进合理的施工技术，可以提高劳动效率，保证施工质量，减少材料、燃料消耗
	成本管理及项目管理水平	加强施工项目成本管理，严格控制成本计划的执行，随时消除对施工项目的不利影响因素，是降低工程成本的保证

在进行施工项目成本分析时，应分清影响工程成本的主观因素和客观因素，突出主观因素，排除客观因素。客观因素具体又分为两类：一类是在编制施工项目计划成本时已经考虑到的因素，另一类则是在编制计划成本时未考虑到的因素。对于后一类客观因素包含在实际工程成本中，如果不排除，必然会影响成本分析结果的可靠性。因此，应根据施工项目的有关成本核算资料，找出影响工程成本的客观因素，从总成本中予以扣除，然后再与计划成本（或预算成本）进行比较，以便于客观评价施工项目成本管理和控制工作的业绩。

影响工程成本高低的这两方面因素往往是相互作用的并随着施工项目具体情况的改变而改变。因此，在进行园林施工绿化工程成本分析时，既要看到客观因素，又要看到主观因素，既要看到积极因素，又要看到消极因素，这样才能够正确、全面评价成本管理工作的绩效。

4.5.1.3　施工成本分析的作用

1. 有助于恰当评价成本计划的执行结果

园林绿化工程施工的经济活动错综复杂，在实施成本管理时制订的成本计划，其执行结果往往存在一定偏差，如果简单地根据成本核算资料直接作出结论，则势必影响结论的正确性。反之，若在核算资料的基础上进行深入的分析，则可能作出比较正确的评价。

2. 揭示成本节约和超支的原因，进一步提高企业管理水平

借助成本分析，用科学方法，从指标、数学着手，在各项经济指标相互联系中系统地对比分析，揭示矛盾，找出差距，就能正确地查明影响成本高低的各种因素，了解生产经营活动中哪一部门、哪一环节工作做出了成绩或产生了问题，从而可以采取措施，不断提高项目经理部和施工企业经营管理的水平。

3. 寻求进一步降低园林绿化工程施工成本的途径和方法，不断提高企业的经济效益

对园林绿化工程施工成本执行情况进行评价，找出成本升降的原因，归根到底是为了挖掘潜力、寻求进一步降低成本的途径和方法。只有把企业的潜力充分挖掘出来，才会使企业的经济效益越来越好。

4.5.2　施工成本分析的原则与种类

4.5.2.1　施工成本分析的原则

（1）实事求是的原则。在成本分析中，必然会涉及一些人和事，因此要注意人为因素的干扰。成本分析一定要有充分的事实依据，对事物进行实事求是的评价。

（2）用数据说话的原则。要充分利用统计核算和有关台账的数据进行成本定量分析，尽量避免抽象的定性分析。

（3）注重时效的原则。园林绿化工程施工项目成本分析贯穿于园林绿化工程施工成本管理的全过程，这就要求及时进行成本分析、发现问题并予以纠正，否则就有可能贻误解决问题的最好时机，造成成本失控、效益流失。

（4）为生产经营服务的原则。成本分析不仅要揭露矛盾，而且要分析产生矛盾的原因，提出积极有效的解决矛盾的合理化建议。这样的成本分析必然会深得人心，从而得到项目经理部有关部门和人员的积极支持与配合，使园林绿化工程施工项目的成本分析更健康地开展下去。

4.5.2.2 施工成本分析的种类

1. 随园林绿化工程施工的进展而进行的成本分析

一般包括分部分项工程成本分析、月（季）度成本分析、年度成本分析、竣工成本分析。

2. 按成本项目进行的成本分析

主要包括人工费分析、材料费分析、机具使用费分析、措施费分析、间接成本分析。

3. 针对特定问题和与成本有关事项的分析

通常包括成本盈亏异常分析、工期成本分析、资金成本分析、质量成本分析、技术组织措施和节约效果分析、其他有利因素和不利因素对成本影响的分析。

4.5.3 施工成本分析的方法

由于施工项目成本涉及的范围很广，需要分析的内容也很多，应该在不同的情况下采取不同的分析方法。为了便于联系实际参考应用，我们按成本分析的基本方法、综合成本的分析方法、成本项目的分析方法和专项成本的分析方法叙述如下：

4.5.3.1 施工成本分析的基本方法

1. 比较法

比较法又称指标对比分析法，就是通过技术经济指标的对比，检查目标的完成情况，分析产生差异的原因，进而挖掘内部潜力。

（1）将实际指标与目标指标对比：以此检查目标完成情况，分析影响目标完成的积极因素和消极因素，以便及时采取措施，保证成本目标的实现。在进行实际指标与目标指标对比时，还应注意目标本身有无问题。如果目标本身出现问题，则应调整目标，重新正确评价实际工作的成绩。表4-9是某施工项目计划成本与实际成本对比情况。

某施工项目计划成本与实际成本对比表（单位：万元）　　　　表4-9

项目	预算成本	计划成本	实际成本	计划降低额（计划成本－实际成本）
金额				

（2）本期实际指标与上期实际指标对比：通过这种对比可以看出各项技术经济指标的变动情况和园林施工管理水平的提高程度。

（3）与本行业平均水平、先进水平对比：这种对比可以反映本项目的技术管理和经济管理与行业的平均水平和先进水平的差距，进而采取措施赶超先进水平。

2. 因素分析法

这种方法可用来分析各种因素对成本的影响程度。在进行分析时，首先要假定众多因素中的一个因素发生了变化，而其他因素不变，然后逐个替换，分别比较其计算结果，以确定各个因素的变化对成本的影响程度。因素分析法的计算步骤如下：

（1）确定分析对象，计算出实际数与目标数的差异。

（2）确定该指标是由哪几个因素组成的，并按其相互关系进行排序。

（3）以目标数为基础，将各因素的目标数相乘，作为分析替代的基数。

（4）将各个因素的实际数按照上面的排列顺序进行替换计算，并将替换后的实际数保留下来。

（5）将每次替换计算所得的结果与前一次的计算结果相比较，两者的差异即为该因素对成本的影响程度。

（6）各个因素的影响程度之和应与分析对象的总差异相等。

因素分析法是把园林绿化工程施工成本综合指标分解为各个项目联系的原始因素，以确定引起指标变动的各个因素的影响程度的一种成本费用分析方法。它可以衡量各项因素影响程度的大小，以便查明原因，明确主要问题所在，提出改进措施，达到降低成本的目的。在运用因素分析法分析各项因素影响程度时，采用的一种分析方法叫连环代替法。采用连环代替法分析的基本过程如下：① 以各个因素的计划数为基础，计算出一个总数；② 逐项以各个因素的实际数替换计划数；③ 每次替换后实际数就保留下来，直到所有计划数都被替换成实际数为止；④ 每次替换后都应求出新的计算结果；⑤ 最后将每次替换所得结果与和其相邻的前一个计算结果比较，其差额即为替换的那个因素对总差异的影响程度。

【案例 4-1】某施工企业承包一项园林工程，计划栽植金边黄杨工程量 120m²，按清单描述，每平方米栽植 64 株，每株金边黄杨价格为 1.2 元；而实际栽植金边黄杨 200m²，每平方米实际栽植金边黄杨 49 株达到了设计效果，每株金边黄杨采购价 1.3 元。试用连环代替法进行成本分析。

金边黄杨成本计算公式为：

金边黄杨成本＝金边黄杨工程量 × 每平方米栽植量 × 金边黄杨价格

采用连环代替法分别对上述三个因素对金边黄杨成本的影响进行分析，计算过程和结果如表 4-10 所示。

栽植工程金边黄杨成本分析

表 4-10

计算顺序	栽植量（株）	每平方米金边黄杨栽植量（株）	金边黄杨价格（元）	金边黄杨成本（元）	差异数（元）	差异原因
计划数	120	64	1.2	9216	—	—
第一次代替	200	64	1.2	15360	6144	工程量增加
第二次代替	200	49	1.2	11760	−3600	金边黄杨节约价格提高
第三次代替	200	49	1.3	12740	−2620	
合计	—	—	—	−6220	—	—

以上分析结果表明，实际金边黄杨成本比计划节约 6220 元，主要原因是苗木质量提升后每平方米栽植量增加。另外，尽管金边黄杨单价增加了，但使得苗木质量品质提升后每平方米栽植量减少，又不影响设计效果，这是较好的施工组织方案，应该总结经验、继续发扬。

3. 差额计算法

差额计算法是因素分析法的一种简化形式，它利用各个因素的目标与实际的差额来计算对成本的影响程度。

【案例4-2】某园林施工项目某月的实际成本降低额比目标数提高了2.4万元，根据表4-11中资料，应用差额计算法分析预算成本和成本降低率对成本降低额的影响程度。

降低成本目标与实际成本对比　　　　　　　　　　　　　表 4-11

项目	目标	实际	差异
预算成本（万元）	300	320	＋20
成本降低率（%）	4%	4.5%	＋0.5%
成本降低额（万元）	12.0	14.4	＋2.4

根据表4-11的资料，应用差额计算法分析预算成本与成本降低率对成本降低额的影响程度。

（1）预算成本增加对成本降低额的影响程度：
$$（320 - 300）×4\% = 0.8（万元）$$
（2）成本降低率提高对成本降低额的影响程度：
$$（4.5\% - 4\%）×320 = 1.6（万元）$$
（3）以上两项合计：$0.8 + 1.6 = 2.4$（万元）

4. 比率法

比率法是指用两个以上指标的比例进行分析的方法，它的基本特点是：先把对比分析的数值变成相对数，再观察其相互之间的关系。常用的比率法有以下几种。

（1）相关比率法。由于项目经济活动的各个方面是相互联系、相互依存又相互影响的，因此可以将两个性质不同而又相关的指标加以对比，求出比率，并以此来考察经营成果的好坏。例如，产值和工资是两个不同的概念，但它们的关系又是投入与产出的关系。在一般情况下，都希望以最少的工资支出完成最大的产值，因此用产值工资率指标来考核人工费的支出水平就很能说明问题。

（2）构成比率法：又称比重分析法或结构对比分析法。通过构成比率可以考察成本总量的构成情况及各成本项目占成本总量的比重，同时也可看出量、本、利的比例关系（即预算成本、实际成本和降低成本的比例关系），从而为寻求降低成本的途径指明方向。

（3）动态比率法：动态比率法就是将同类指标不同时期的数值进行对比，求出比率，用以分析该项指标的发展方向和发展速度。动态比率的计算通常采用基期指数和环比指数两种方法。

4.5.3.2　园林绿化工程综合成本的分析方法

1. 分部分项工程成本分析

分部分项工程成本分析是园林绿化工程施工成本分析的基础。分部分项工程成本分析的对象为已完成分部分项工程。分析的方法是：进行预算成本、目标成本和实际成本的"三算"对比，分别计算实际偏差和目标偏差，分析偏差产生的原因，为今后的分部分项工程成本寻求节约途径。分部分项工程成本分析的资料来源是：预算成本来自投标报价成本，目标成本来自施工预算，实际成本来自施工任务单的实际工程量、实耗人工和限额领料单的实耗材料。

由于园林绿化工程施工包括很多分部分项工程，不可能也没有必要对每一个分部分项工程都进行成本分析，特别是一些工程量小、成本费用微不足道的零星工程。但是，对于那些主要分部分项工程则必须进行成本分析，而且要做到从开工到竣工进行系统的成本分析。因为通过主要分部分项工程成本的系统分析，可以基本上了解项目成本形成的全过程，为园林绿化工程竣工成本分析和今后的园林绿化工程施工成本管理提供一份宝贵的参考资料。分部分项工程成本分析表的格式见表 4-12。

分部分项工程成本分析　　　　　　　　　　表 4-12

单位工程：

分部分项工程名称：　　　　　工程量：　　　　施工班组：　　　　施工日期：

工料名称	规格	单位	单价	预算成本		计划成本		实际成本		实际与预算比较		实际与计划比较	
				数量	金额	数量	金额	数量	金额	数量	金额	数量	金额
合计													
实际与预算比较（%）（计划 = 100）										—			
实际与计划比较（%）（计划 = 100）										—			
节超原因说明													

编制单位：　　　　　　　成本员：　　　　　填表日期：

2. 月（季）度成本分析

月（季）度的成本分析是园林绿化工程施工定期的、经常性的中间成本分析，对于有一次性特点的园林绿化工程施工项目来说有着特别重要的意义。通过月（季）度成本分析可以及时发现问题，以便按照成本目标指示的方向进行监督和控制，保证园林绿化工程项目成本目标的实现。月（季）度的成本分析的依据是当月（季）的成本报表，分析的方法通常有以下几种：

（1）通过实际成本与预算成本的对比，分析当月（季）的成本降低水平；通过累计实际成本与累计预算成本的对比，分析累计的成本降低水平，预测实现园林绿化工程施工成本目标的前景。

（2）通过实际成本与目标成本的对比，分析目标成本的落实情况以及目标管理中的问题和不足，进而采取措施，加强成本管理，保证成本目标的落实。

（3）通过对各成本项目的成本分析可以了解成本总量的构成比例和成本管理的薄弱环节。例如：在成本分析中，发现人工费、机械费和间接费等项目大幅度超支，就应该对这些费用的收支配比关系认真研究，并采取对应的增收节支措施，防止今后再超支。如果是属于预算定额规定的"政策性"亏损，则应从控制支出着手，把超支额压缩到最低限度。

（4）通过主要技术经济指标的实际与目标的对比，分析产量、工期、质量、"三材"节约率、机械利用率等对成本的影响。

（5）通过对技术组织措施执行效果的分析寻求更加有效的节约途径。

（6）分析其他有利条件和不利条件对成本的影响。

3. 年度成本分析

企业成本要求一年结算一次，不得将本年成本转入下一年度。项目成本则以园林绿化工程项目的寿命周期为结算期，要求从开工、竣工到保修期结束连续计算，最后结算出成本总量及其盈亏。由于园林绿化工程的施工周期一般较长，除进行月（季）度成本核算和分析外，还要进行年度成本的核算和分析。这不仅是为了满足企业汇编年度成本报表的需要，同时也是园林绿化工程施工成本管理的需要，因为通过年度成本的综合分析，可以总结一年来成本管理的成绩和不足，为今后的成本管理提供经验和教训，从而可对园林施工成本进行更有效的管理。

年度成本分析的依据是年度成本报表。年度成本分析的内容，除了月（季）度成本分析的六个方面以外，重点是针对下一年度的施工进展情况规划提出切实可行的成本管理措施，以保证园林绿化工程施工成本目标的实现。

4. 竣工成本的综合分析

凡是有几个单位工程而且是单独进行成本核算（即成本核算对象）的施工项目，其竣工成本分析应以各单位工程竣工成本分析资料为基础，再加上项目经理部的经营效益（如资金调度、对外分包等所产生的效益）进行综合分析。如果园林绿化工程施工只有一个成本核算对象（单位工程），就以该成本核算对象的竣工成本资料作为成本分析的依据。单位工程竣工成本分析应包括以下三方面内容：

（1）竣工成本分析；

（2）主要资源节超对比分析；

（3）主要技术节约措施及经济效果分析。

通过以上分析，可以全面了解单位工程的成本构成和降低成本的来源，对今后同类园林绿化工程的成本管理很有参考价值。

4.5.3.3　园林绿化工程施工专项成本的分析方法

1. 成本盈亏异常分析

对园林绿化工程施工项目来说，成本出现盈亏异常情况必须引起高度重视，彻底查明原因，立即加以纠正。

检查成本盈亏异常的原因，应从经济核算的"三同步"入手。项目经济核算的基本规律是：在完成多少产值、消耗多少资源、发生多少成本之间，有着必然的同步关系。如果违背这个规律，就会发生成本的盈亏异常。

"三同步"检查是提高项目经济核算水平的有效手段，不仅适用于成本盈亏异常的检查，也可用于月度成本的检查。"三同步"检查可以通过以下方面的对比分析来实现。

（1）产值与施工任务单的实际工程量和形象进度是否同步；

（2）资源消耗与施工任务单的实耗人工、限额领料单的实耗材料、当期租用的周转材料和施工机械是否同步；

（3）其他费用（如材料价差、超高费、井点抽水的打拔费和台班费等）的产值统计与实际支付是否同步；

（4）预算成本与产值统计是否同步；

（5）实际成本与资源消耗是否同步。

2. 工期成本分析

在一般情况下，工期越长费用支出越多，工期越短费用支出越少。特别是固定成本的支出，基本上是与工期长短成正比增减的，是进行工期成本分析的重点。工期成本分析，就是计划工期成本与实际工期成本的比较分析。

工期成本分析的方法一般采用比较法，即将计划工期成本与实际工期成本进行比较，然后应用因素分析法分析各种因素的变动对工期成本差异的影响程度。进行工期成本分析的前提条件是：根据施工图预算和施工组织设计进行量本利分析，计算施工项目的产量、成本和利润的比例关系，然后用固定成本除以合同工期，求出每月支出的固定成本。

3. 质量成本分析

质量成本分析，即根据质量成本核算的资料进行归纳、比较和分析，共包括四个分析内容：

（1）质量成本总额的构成内容分析；

（2）质量成本总额的构成比例分析；

（3）质量成本各要素之间的比例关系分析；

（4）质量成本占预算成本的比例分析。

4. 资金成本分析

资金与成本的关系，就是园林绿化工程收入与成本支出的关系。根据园林绿化工程成本核算的特点，园林绿化工程收入与成本支出有很强的配比性。在一般情况下，都希望园林绿化工程收入越多越好，成本支出越少越好。

园林绿化工程施工的资金来源主要是工程款收入，而施工耗用的人、财、物的货币表现则是工程成本支出。因此，减少人、财、物的消耗，既能降低成本，又能节约资金。

进行资金成本分析，通常应用成本支出率指标，即成本支出占工程款收入的比例。其计算公式为：

成本支出率＝计算期实际成本支出／计算期实际工程款收入 ×100%

通过对成本支出率的分析可以看出资金收入中用于成本支出的比重有多大；也可通过加强资金管理来控制成本支出；还可联系储备金和结存资金的比重，分析资金使用的合理性。

5. 技术组织措施执行效果分析

在开工以前根据园林工程特点编制技术组织措施计划，列入施工组织设计。在施工过程中，可以结合月度施工作业计划的内容编制月度技术组织措施计划，落实施工组织设计所列技术组织措施计划，同时还要对月度技术组织措施计划的执行情况进行检查和考核。

对执行效果的分析也要实事求是，既要按理论计算，又要联系实际，对节约的实物进行验收，然后根据实际节约效果论功行赏，以激励有关人员执行技术组织措施的积极性。

技术组织措施必须与园林绿化工程施工的工程特点相结合。技术组织措施有很强的针对性和适应性（当然也有各施工项目通用的技术组织措施）。节约效果一般按下式计算，即：

措施节约效果＝措施前的成本－措施后的成本

对节约效果的分析需要联系措施的内容和执行经过来进行。有些措施难度比较大，但节约效果并不高；而有些措施难度并不大，但节约效果却很高。因此，在对技术组织措施执行效果进行考核的时候，要根据不同情况区别对待。对于在园林绿化工程施工管理中影响比较大、节约效果比较好的技术组织措施，应该以专题分析的形式进行深入详细的分析，以便推广应用。

6. 其他有利因素和不利因素对成本影响的分析

在园林绿化工程施工过程中，必然会有很多有利因素，同时也会碰到不少不利因素。不管是有利因素还是不利因素，都将对园林绿化工程施工成本产生影响。

这些有利因素和不利因素包括工程结构的复杂性和施工技术上的难度，施工现场的自然地理环境（如水文、地质、气候等）以及物资供应渠道和技术装备水平等。它们对园林绿化工程施工成本的影响需要具体问题具体分析。

4.5.3.4 园林绿化工程施工目标成本差异分析方法

1. 人工费分析

人工费分析的主要依据是园林绿化工程预算工日和实际人工的对比，分析出人工费的节约和超用的原因。影响人工费节约或超支的主要因素有两个：人工费量差和人工费价差。

（1）人工费量差。计算人工费量差首先要计算工日差，即实际耗用工日数同预算定额工日数的差异。预算定额工日根据验工月报或设计预算中的人工费补差取得。根据外包管理部门的包清工成本工程款月报列出实物量定额工日数和估点工工日数，两工日差乘以预算人工单价计算得人工费量差。计算后可以看出，由于实际用工增加或减少，人工费增加或减少。

（2）人工费价差。计算人工费价差先要计算出每工人工费价差，即预算人工单价和实际人工单价之差。预算人工费除以预算工日数得出预算人工平均单价。实际人工单价等于实际人工费除以实耗工日数，每工人工费价差乘以实耗工日数人工费价差。计算后可以看出，由于每工人工单价增加或减少，人工费增加或减少。人工费量差与人工费价差的计算公式如下：

$$人工费量差＝（实际耗用工日数－预算定额工日数）×预算人工单价$$

$$人工费价差＝实际耗用工日数×（实际人工单价－预算人工单价）$$

影响人工费节约或超支的原因是错综复杂的，除上述分析外，还应分析定额用工、估点工用工，并从管理上找原因。

2. 材料费分析

（1）主要材料和结构件费用的分析。主要材料和结构件费用的高低，主要受价格和消耗数量的影响。材料价格的变动，要受采购价格、运输费用、途中损耗、来料不足等因素的影响；材料消耗数量的变动，要受操作损耗、管理损耗和返工损失等因素的影响，可在价格变动较大和数量超用异常的时候再作深入分析。为了分析材料价格和消耗数量的变化对材料和结构件费用的影响程度，可按下列公式计算。

材料价格变动对材料费的影响为：（预算单价－实际单价）×消耗数量。

消耗数量变动对材料费的影响为：（预算用量－实际用量）×预算价格。

主要材料和结构件差异分析表的格式见表 4-13。

主要材料和结构件差异分析　　　　　　　　　　表 4-13

材料名称	价格差异				数量差异				成本差异
	实际单价	目标单价	节超	价差金额	实际用量	目标用量	节超	价差金额	

（2）周转材料使用费分析。在实行周转材料内部租赁制的情况下，项目周转材料费的节约或超支决定于周转材料的周转利用率和损耗率。如果周转慢，周转材料的使用时间就长，就会增加租赁费支出；而超过规定的损耗，更要照原价赔偿。周转利用率和损耗率的计算公式如下：

$$周转利用率 = \frac{实际使用数 \times 租用期内的周转次数}{进场数 \times 租用期} \times 100\%$$

$$损耗率 = \frac{退场数}{进场数} \times 100\%$$

【案例 4-3】某园林绿化工程施工项目需要定型钢模，考虑周转利用率 85%，租用钢模 4500m²，月租金 5 元 /m²。由于加快施工进度，实际周转利用率达到 90%。可用差额分析法计算周转利用率的提高对节约周转材料使用费的影响程度。具体计算如下：

$$（90\% － 85\%）\times 4500 \times 5 ＝ 1125（元）$$

（3）采购保管费分析。材料采购保管费属于材料的采购成本，包括材料采购保管人员的工资、工资附加费、劳动保护费、办公费、差旅费以及材料采购保管过程中发生的固定资产使用费、工具用具使用费、检验试验费、材料整理及零星运费和材料物资的盘亏及毁损等。材料采购保管支用率的计算公式如下：

$$材料采购保管费支用率 = \frac{计算期实际发生的采购保管费}{计算期实际采购的材料总值} \times 100\%$$

（4）材料储备资金分析。材料的储备资金是根据日平均用量、材料单价和储备天数（即从采购到进场所需要的时间）计算的。上述任何一个因素的变动都会影响储备资金的占用量。材料储备资金的分析可以应用因素分析法。现以水泥的储备资金举例说明，运费和材料物资的盘亏及毁损等。材料采购保管支用率的计算公式如下，见表 4-14。

储备资金计划与实际对比　　　　　　　　　　　　　　表 4-14

项目	技术	实际	差异
日平均用量（t）	50	60	10
单价（元）	400	420	20
储备天数（元）	7	6	−1
储备金额（万元）	14.00	15.12	1.12

根据上述数据，分析日平均用量、单价和储备天数等因素的变动对水泥储备资金的影响程度。应用因素分析法的分析结果见表 4-15。

储备资金因素分析　　　　　　　　　　　　　　　　表 4-15

	连环替代计算	差异（万元）	因素分析
计划数	50×400×7 ＝ 140000 元		
第一次替代	60×400×7 ＝ 168000 元	2.80	由于日平均用量增加 10t，增加储备资金 2.80 万元
第二次替代	60×420×7 ＝ 176400 元	0.84	由于日平均用量增加 10t，增加储备资金 2.80 万元
第三次替代	60×420×6 ＝ 151200 元	−2.52	由于储备天数缩短一天，减少储备资金 2.52 万元
合计	2.8 ＋ 0.84−2.52 ＝ 1.12 万元	1.12	

从以上分析内容来看，储备天数的长短是影响储备资金的关键因素。因此，材料采购人员应该选择运距短的供应单位，尽可能减少材料采购的中转环节，缩短储备天数。

3. 机械使用费分析

它主要通过实际成本与目标成本之间的差异分析。目标成本分析主要列出超高费和机械费补差收入。施工机械有自有和租赁两种。租赁的机械在使用时要支付使用台班费，停用时要支付停班费。因此，要充分利用机械，以减少台班使用费和停班费的支出。自有机械也要提高机械完好率和利用率，因为自有机械停用仍要负担固定费用。机械完好率与机械利用率的计算公式如下：

$$机械设备完好率=\frac{报告期制度完好台班数+加班台班}{报告期制度台班+加班台班数}\times100\%$$

$$机械利用率=\frac{报告期机械实际工作台班数+加班台班}{报告期制度台班数+加班台班}100\%$$

完好台班数，是指机械处于完好状态下的台班数，它包括修理不满一天的机械，但不包括待修、在修、送修在途的机械。在计算完好台班数时，只考虑是否完好，不考虑是否在工作。制度台班数是指本期内全部机械台班数与制度工作天的乘积，不考虑机械的技术状态和是否工作。

机械使用费的分析要从租赁机械和自有机械这两方面入手。使用大型机械的要着重分析预算台班数、台班单价及金额，同实际台班数、台班单价及金额相比较，通过量差、价差进行分析。

4. 措施费分析

措施费的分析，主要应通过预算与实际数的比较来进行。如果没有预算数，可以计划数代替预算数。其比较表的格式见表4-16。

措施费目标与实际比较（单位：万元）

表4-16

序号	项目	目标	实际	差异
1	环境保护			
2	文明施工			
3	安全施工			
4	临时设施			
5	夜间施工			
6	二次搬运			
7	大型机械设备进出场及安拆			
8	混凝土、钢筋混凝土模板及支架			
9	脚手架			
10	已完工程及设备保护			
11	施工排水、降水			

5. 间接成本分析

间接成本是指为施工设备、组织施工生产和管理所需要的费用，主要包括现场管理人员的工资和进行现场管理所需要的费用。

将其实际成本和目标成本、实际发生数与目标数逐项加以比较，就能发现超额完成施工计划对间接成本的节约或浪费及其发生的原因。间接成本目标与实际比较表的格式见表 4-17。

间接成本目标与实际比较（单位：万元）　　　　表 4-17

序号	项目	目标	实际	差异	备注
1	现场管理人员工资				包括职工福利费和劳动保护费
2	办公费				包括生活用水电费、取暖费
3	差旅交通费				
4	固定资产使用费				包括折旧及修理费
5	物资消耗费				
6	低值易耗品摊销费				指行政生活用的低值易耗品
7	财产保险费				
8	检验试验费				
9	工程保修费				
10	排污费				
11	其他费用				
	合计				

4.6　园林绿化工程施工成本核算

4.6.1　施工成本核算的意义与特点

4.6.1.1　施工成本核算的意义

园林绿化工程施工成本核算是园林绿化工程施工企业成本管理的一个极其重要的环节。认真做好成本核算工作，对于加强成本管理、促进增产节约、发展企业生产都有着重要的意义。

（1）通过园林绿化工程施工成本核算，将各项生产费用按照其用途和一定程序直接计入或分别计入各项工程，正确计算出各项工程的实际成本，将它与预算成本进行比较，可以检查预算成本的执行情况。

（2）通过园林绿化工程施工成本核算，可以及时反映施工过程中人力、物力、财力的耗费，检查人工费、材料费、机械使用费、措施费的耗用情况和间接费用定额的执行情况，挖掘降低园林绿化工程成本的潜力，节约活劳动和物化劳动。

（3）通过园林绿化工程施工成本核算，可以计算施工企业各个施工单位的经济效益和各项承包工程合同的盈亏，分清各个单位的成本责任，在企业内部实行经济责任制，并便于学先进、找差距，开展社会主义竞赛。

（4）通过园林绿化工程施工成本核算，可以为各种不同类型的园林绿化工程积累经济技术资料，为修订预算定额、施工定额提供依据。

4.6.1.2 施工成本核算的特点

园林绿化工程施工成本核算是园林施工成本管理的重要环节，应贯穿于园林施工成本管理的全过程。其特点如下：

（1）园林绿化工程施工成本核算内容繁杂、周期长；

（2）成本核算需要全体成员的分工与协作，共同完成；

（3）成本核算满足"三同步"要求难度大；

（4）在项目总分包制条件下，对分包商的实际成本很难把握；

（5）在成本核算过程中，数据处理工作量巨大，应充分利用计算机，使核算工作程序化、标准化。

4.6.2 施工成本核算的对象

园林绿化工程施工成本一般以每一独立编制施工图预算的单位工程为成本核算对象，也可以按照承包工程项目的规模、工期、结构类型、施工组织和施工现场等情况，结合成本控制的要求，灵活划分成本核算对象。一般说来有以下几种划分核算对象的方法：

（1）一个单位工程由几个施工单位共同施工时，各施工单位都应以同一单位工程为成本核算对象，各自核算自行完成的部分；

（2）规范大、工期长的单位工程，可以将园林绿化工程划分为若干部位，以分部位的工程作为成本核算对象；

（3）同一建设项目，由同一施工单位施工，并在同一施工地点，属于同一建设项目的各个单位工程合并作为一个成本核算对象；

（4）改建、扩建的零星园林绿化工程，可根据实际情况和管理需要，以一个单项工程为成本核算对象，或将同一施工地点的若干个工程量较少的单项工程合并作为一个成本核算对象。

4.6.3 施工成本核算的任务及其要求

4.6.3.1 施工成本核算的任务

（1）执行国家有关成本开支范围，费用开支标准，园林绿化工程预算定额和企业施工预算，成本计划的有关规定。控制费用，促使项目合理、节约地使用人力、物力和财力。这是园林绿化工程施工成本核算的先决前提和首要任务。

（2）正确及时地核算园林绿化工程施工过程中发生的各项费用、计算施工项目的实际成本。这是项目成本核算的主体和中心任务。

（3）反映和监督园林绿化工程施工成本计划的完成情况，为项目成本预测和参与项目施工生产、技术和经营决策提供可靠的成本报告和有关资料，促进项目改善经营管理、降低成本、提高经济效益。这是园林绿化工程施工成本核算的根本目的。

4.6.3.2 施工成本核算的要求

1. 划清成本费用支出和非成本费用支出界限

它是指划清不同性质的支出，即划清资本性支出和收益性支出与其他支出、营业支出与营业外支出的界限。这个界限也就是成本开支范围的界限。

2. 正确划分各种成本、费用的界限

（1）划清园林绿化工程施工项目成本和期间费用的界限。在制造成本法下，期间费用不是园林绿化工程施工成本的一部分，所以正确划清两者的界限是确保园林绿化工程施工成本核算正确的重要条件。

（2）划清本期工程成本与下期工程成本的界限。划清两者的界限，对于正确计算本期工程成本是十分重要的。实际上就是权责发生制原则的具体化，因此要正确核算各期的待摊费用和预提费用。

（3）划清不同成本核算对象之间的成本界限。指要求各个成本核算对象的成本不能混淆，否则就会失去成本核算和管理的意义，造成成本不实，容易引起决策上的重大失误。

（4）划清未完工程成本与已完工程成本的界限。园林绿化工程施工成本的真实程度取决于未完施工和已完工程成本界限的正确划分以及未完施工和已完施工成本计算方法的正确度，按月结算方式下的期末未完施工，要求项目在期末应对未完施工进行盘点，按照预算定额规定的工序，折合成已完分部分项工程量。再按照未完施工成本计算公式计算未完分部分项工程成本。

3. 加强成本核算的基础工作

（1）建立各种财产物资的收发、领退、转移、报废、清查、盘点、索赔制度。

（2）建立健全与成本核算有关的各项原始记录和工程量统计制度。

（3）制订或修订工时、材料、费用等各项内部消耗定额以及材料、结构件、作业、劳务的内部结算指导价。

（4）完善各种计量检测设施，严格计量检验制度，使项目成本核算具有可靠的基础。

4. 施工成本核算必须有账有据

成本核算中要运用大量数据资料，这些数据资料的来源必须真实可靠、准确、完整、及时。一定要以审核无误、手续齐备的原始凭证为依据。同时，还要设置必要的生产费用账册（正式成本账）进行登记，并增设必要的成本辅助台账。

4.6.4　施工成本核算的原则

4.6.4.1　确认原则

确认原则是指对各项经济业务中发生的成本都必须按一定的标准和范围加以认定和记录。只要是为了经营目的所发生的或预期要发生的、并要求得以补偿的一切支出，都应作为成本来加以确认。正确的成本确认往往与一定的成本核算对象、范围和时期相联系，并必须按一定的确认标准来进行。这种确认标准具有相对的稳定性。主要侧重定量，但也会随着经济条件和管理要求的发展而变化。在成本核算中，往往要进行再确认，甚至是多次确认。如确认是否属于成本，是否属于特定核算对象的成本（如临时设施先算搭建成本，使用后算摊销费）以及是否属于核算当期成本等。

4.6.4.2　分期核算原则

园林绿化工程施工生产是连续不断的项目，为了取得一定时期的园林绿化工程施工项目成本，就必须将施工生产活动划分为若干时期，并分期计算各期项目成本。成本核算的分期应与会计核算的分期相一致，这样便于财务成果的确定。但要指出，成本的分期核算与项目成本计算期不能混为一谈。不论生产情况如何，成本核算工作，包括费用的归集和分配等都必须按月进行。至于已完施工项目成本的结算，可以是定期的，按月结转；也可以是不定期的，等到园林工程竣工后一次结转。

4.6.4.3 相关性原则

它也称决策有用原则。成本核算要为园林绿化工程施工成本管理目标服务—成本核算不只是简单的计算问题，要与管理融为一体，算为管用。所以，在具体成本核算方法、程度和标准的选择上，在成本核算对象和范围的确定上，应与施工生产经营特点和成本管理要求特性结合，并与项目一定时期的成本管理水平相适应。正确地核算出符合项目管理目标的成本数据和指标，真正使园林绿化工程施工成本核算成为领导的参谋和助手。无管理目标，成本核算是盲目和无益的，无决策作用的成本信息是没有价值的。

4.6.4.4 一贯性原则

这里指园林绿化工程施工成本核算所采用的方法应前后一致。一经确定，不得随意变动。只有这样，才能使企业各期成本核算资料口径统一、前后连贯、相互可比。成本核算办法的一贯性原则体现在各个方面，如耗用材料的计价方法、折旧的计提方法、施工间接费的分配方法、未施工的计价方法等。坚持一贯性原则，并不是一成不变，如确有必要变更，要有充分的理由对原成本核算方法进行改变的必要性作出解释，并说明这种改变对成本信息的影响。如果随意变动成本核算方法，并不加以说明，则有对成本、利润指标、盈亏状况弄虚作假的嫌疑。

4.6.4.5 实际成本核算原则

这是指园林绿化工程施工核算要采用实际成本计价。采用定额成本或者计划成本方法的，应当合理计算成本差异，月终编制会计报表时调整为实际成本，即必须根据计算期内实际产量（已完工程量）以及实际消耗和实际价格计算实际成本。

4.6.4.6 及时性原则

这是指园林绿化工程施工成本的核算、结转和成本信息的提供应当在所要求的时期内完成。要指出的是，成本核算及时性原则，并非越快越好，而是要求成本核算和成本信息的提供以确保真实为前提，在规定时期内核算完成，在成本信息尚未失去时效的情况下适时提供，确保不影响园林绿化工程施工其他环节核算工作顺利进行。

4.6.4.7 配比原则

这是指营业收入与其对应的成本、费用应当相互配合。为取得本期收入而发生的成本和费用，应与本期实现的收入在同一时期内确认入账，不得脱节，也不得提前或延后，以便正确计算和考核项目经营成果。

4.6.4.8 权责发生制原则

这是指凡是当期已经实现的收入和已经发生或应当负担的费用，不论款项是否收付，都应作为当期的收入或费用处理；凡是不属于当期的收入和费用，即使款项已经在当期收付，都不应作为当期的收入和费用。权责发生制原则主要从时间选择上确定成本会计确认的基础，其核心是根据权责关系的实际发生和影响期间来确认企业的支出和利益。

4.6.4.9 谨慎原则

这是指在市场经济条件下，在成本、会计核算中应当对项目可能发生的损失和费用作出合理预计，以增强抵御风险的能力。

4.6.4.10 划分收益性支出与资本性支出原则

划分收益性支出与资本性支出是指成本、会计核算应当严格区分收益性支出与资本性支出界限，以正确地计算当期损益。所谓收益性支出是指该项目支出发生是为了取得本期收益，即仅仅与本期收益的取得有关，如支付工资、水电费支出等。所谓资本支出是指不仅为取得本期收益而发生的支出，同时该项支出的发生有助于以后会计期间的支出，如构建固定资产支出。

4.6.4.11 重要性原则

对于园林绿化工程施工成本有重大影响的业务内容应作为核算的重点，力求精确，而对于不太重要的琐碎的经济业务内容，可以相对从简处理。

4.6.4.12 明晰性原则

园林绿化工程施工成本记录必须直观、清晰、简明、可控、便于理解和利用，使项目经理和项目管理人员了解成本信息的内涵，弄懂成本信息的内容，便于信息利用，有效地控制本园林绿化工程施工的成本费用。

4.6.5 施工项目成本核算的流程

施工项目成本核算的流程一般包括：

（1）按照费用的用途和发生的地点，把本期发生和支付的各项生产费用，汇集到有关生产费用科目中；

（2）月末，将归集在"辅助生产"账户的辅助生产费用，按照各受益对象的受益数量，分配并转入"工程施工""管理费用"等账户中；

（3）月末，各个施工项目凡使用自有施工机械的，应由本月成本负担的施工机械使用费转入成本；

（4）月末，将由本月成本负担的待摊费用和预提费用转入工程成本；

（5）月末，将归集在"管理费用"中的施工管理费用，按一定的方法分配并转入施工项目成本；

（6）工程竣工（月末、季末）后，结算竣工工程（月末、季末已完工工程）的实际成本转入"工程结算"科目借方，以用于"工程结算"科目的贷方差额结算工程成本降低额或者亏损额。

4.7 园林绿化工程施工成本考核

4.7.1 施工成本考核概述

4.7.1.1 施工成本考核的概念

园林绿化工程施工成本考核包括两方面的考核，即项目成本目标（降低成本目标）完成情况的考核和成本管理工作业绩的考核。这两方面的考核都属于企业对园林绿化工程施工经理部成本监督的范畴。

园林绿化工程施工的成本考核的目的在于贯彻落实责权利相结合的原则，促进成本管理的健康发展，更好地完成施工项目的成本目标。

4.7.1.2 施工成本考核的原则

1. 实事求是原则

2. 简单易行、便于操作

由于管理人员的专业特点，对一些相关概念不可能很清楚，所以确定的考核内容必须简单明了，要让考核者一看就能明白。

3. 及时性原则

岗位成本要考核实时成本，要有别于传统的会计核算，所以时效性对于园林绿化工程施工成本考核来说就是生命。

4. 为生产服务原则

在考核中贯彻落实责权利相结合的原则，及时发现问题并纠正，满足生产需要。

4.7.1.3 施工项目成本考核的方法

1. 施工项目成本考核采取评分制

园林绿化工程施工根据责任成本完成情况和成本管理工作业绩确定权重（一般责任成本完成情况评分占 10%，成本管理工作业绩评分占 3%），按考核的内容加权评分。

2. 施工项目成本考核要与相关指标的完成情况相结合

成本的考核评分要考虑相关指标的完成情况，并予以嘉奖或扣罚。与成本考核相结合的相关指标一般有进度、质量、安全和现场标准化管理。

3. 强调施工项目成本的中间考核

园林绿化工程施工项目成本的中间考核一般有：月度成本考核、阶段成本考核。园林绿化工程施工项目中常有土方地形工程、土建工程、绿化栽植工程、水电工程等，可以按此分阶段进行考核。

4. 正确考核施工项目的竣工成本

园林绿化工程施工的竣工成本是在园林绿化工程竣工和工程款结算的基础上编制的，它是竣工成本考核的依据，是园林绿化工程成本管理水平和项目经济效益的最终反映，也是考核承包经营情况、实施奖罚的依据。因此，必须做到核算无误，考核正确。

5. 施工项目成本的奖罚

园林绿化工程施工的成本考核可分为月度成本考核、阶段成本考核和竣工成本考核三种。为贯彻责、权、利相结合原则，应在园林绿化工程施工成本考核的基础上确定成本奖罚标准，并通过经济合同的形式明确规定，及时兑现。月度成本考核和阶段成本考核实施奖罚应留有余地，待项目竣工成本考核后再进行调整。

4.7.1.4 施工项目成本考核的内容

1. 企业对项目经理考核的内容

（1）园林绿化工程施工成本目标和阶段成本目标的完成情况；

（2）建立以项目经理为核心的成本管理责任制的落实情况；

（3）成本计划的编制和落实情况；

（4）对各部门、各作业队和班组责任成本的检查和考核情况；

（5）在成本管理中贯彻责、权、利相结合原则的执行情况。

2. 项目经理对所属各部门、各作业队和班组考核的内容

（1）对各部门的考核内容：

1）本部门、本岗位责任成本的完成情况；

2）本部门、本岗位成本管理责任的执行情况。

（2）对各作业队的考核内容：

1）对劳务合同规定的承包范围和承包内容的执行情况；

2）劳务合同以外的补充收费情况；

3）对班组施工任务单的管理情况以及班组完成施工任务后的考核情况。

（3）对生产班组的考核内容（平时由作业队考核）：

以分部分项工程成本作为班组的责任成本，以施工任务单和限额领料单的结算资料为依据，与园林绿化工程施工预算进行对比，考核班组责任成本的完成情况。

4.7.2　施工岗位成本考核

4.7.2.1　施工岗位成本考核的流程

园林绿化工程施工岗位成本考核是项目经理部进行的一项重要管理活动。岗位成本考核的流程如下：

1. 落实园林绿化工程施工责任成本

公司与园林绿化工程施工项目在开工前，或者在开工后尽量短的一段时间内，计算项目的标准成本，同时与项目经理部谈判园林绿化工程施工责任成本，经双方确认后，签订园林绿化工程施工责任成本合同。

2. 落实园林绿化工程施工管理人员安排和工作岗位

公司要与园林绿化工程项目一起计算、落实项目管理人员数量、岗位设置，包括工资标准和工资总额，同时对每个管理人员落实管理岗位和管理工作范围。

3. 分解园林绿化工程项目责任成本，测算园林绿化工程项目的内控成本

按照园林绿化工程项目的管理情况和管理人员及其岗位的配置情况分解责任成本指标，这个指标分解应该是全面性、覆盖性的，即园林绿化工程项目责任成本在每个岗位分配指标后应与园林绿化工程项目目标成本一致，不留缺口。

4. 根据管理岗位设置计算不同岗位的成本考核指标

岗位成本考核指标设定和考核的额度，主要是根据岗位和相关人员，什么岗位管理什么内容，经测算应有什么样的成本支出，才能达到目标，而且这种成本支出需要进一步地细化、优化才能进行决定。根据每个岗位的管理者，填列成本考核指标，并与岗位责任者签订岗位成本考核责任书，应具有工作内容、阶段指标、考核方法、时间安排、奖罚办法等明细内容。

5. 实施园林绿化工程施工过程的计量和核算

施工过程中设计一套专用账簿进行实时核算和计量，及时向有关责任者提供信息。

岗位工作结束或者取得明确的阶段计量，可以进行阶段考核和业绩评价，评价可以是某岗位工作全部完成的时候，也可以采用分阶段进行对比分析；阶段考评和结果只能是部分兑现，因为全部工作尚未完成，偶然性的问题还可能会出现。岗位成本考核的整个流程详见图 4-9。

图 4-9　园林项目岗位成本考核流程

4.7.2.2　施工岗位成本考核的方法

园林绿化工程施工岗位成本考核的方法，一般采用表格法，主要分开工前的总量落实、分阶段的考核和完工后的总考核及其奖罚兑现。

1. 岗位成本考核总量的计算和落实

项目班子组建完成后，根据公司下达的园林绿化工程施工成本责任总额和在改进园林绿化工程施工方案、控制方案后计算园林绿化工程施工成本支出并制订成本支出总计划。

（1）根据人员的构成情况，依据园林施工成本支出总计划进行岗位成本的考核内容分工；

（2）岗位成本考核在园林绿化工程施工的成本控制中不能留有口子，园林绿化工程施工成本总计划的每项预计支出都要落实到人；

（3）每项岗位成本控制和考核不仅有内容、范围，还要有指标和奖罚方法。通常情况下，园林绿化工程项目在测定了各管理岗位的成本考核指标后，或者某个岗位成本考核指标后，由项目经理与岗位的责任人商定并签订岗位的成本考核指标，并以内部合同形式予以确定。

合同的内容一般有：项目名称、岗位成本考核范围、岗位成本考核的具体方法和指标、奖罚方法、风险抵押金额、岗位成本考核的责任人、项目负责人、考核时间和内部合同签订时间。项目的岗位成本责任一经签订就要严格执行。

2. 园林施工过程中的分阶段考核

主要由两部分构成：一是岗位成本责任因签证或设计变更而引起的调整；二是分阶段的收支考核，考核期一般同会计核算期限一致，即每月一次。

（1）考核指标的调整：根据园林绿化工程施工岗位责任考核的双方合同中所规定的岗位成本责任的调整方法，园林绿化工程项目收入一旦发生调整，相关管理范围或岗位对象也应作出相应调整。一般按因素调节法计算和确认园林绿化工程施工成本收入调整中属于某岗位的调整额。

（2）分阶段的考核。园林绿化工程施工统计员要根据各岗位所完成的工程量和岗位考核方法计算各岗位的成本核算期的岗位成本收入，经预算员确认后报项目会计处。园林绿化工程施工成本会计根据各要素提供者所提供的相关报表或资料计算各岗位成本的耗费和其相应的指标节超情况。

3. 完工后岗位成本的总考核与总兑现

一般在该岗位工作内容完成后计算确认，主要由园林绿化工程施工成本会计召集相关人员计算而定，其基本步骤如下：

（1）取得和确认原始的岗位考核指标；

（2）从统计员特别是预算人员处取得岗位成本考核的调整数；

（3）汇总该岗位的累计成本收支数或收支量；

（4）完成完工岗位成本总考核表的编制；

（5）根据岗位成本考核合同书中相关内容计算该岗位的奖罚和比例；

（6）劳资员计算，项目经理签认其奖罚书；

（7）园林绿化工程竣工后，补差各岗位成本责任考核的奖罚留存数；

（8）项目通知公司财务退还相关岗位责任者的风险抵押金。

4.7.3　施工成本的审计

4.7.3.1　施工成本审计的作用

作为内部审计，园林绿化工程项目部审计具有四种职能：监督职能、控制职能、评价鉴证职能、服务职能。这四种职能体现了审计的两个重要作用：

（1）防护性作用：通过内部审计的检查和评价活动，揭露和制约各种不规范行为的产生，防止可能给项目部和企业造成的各种不良后果。

（2）建设性作用：通过对被审查活动的检查和评价，针对管理和控制中存在的问题和不足提出富有建设性的意见和改进方案，从而促进项目部改善经营管理，提高经济效益，以最好的方式实现管理的目标。

4.7.3.2　施工成本审计的内容和程序

1. 施工成本审计的内容和程序

一般是指园林绿化工程完工后，公司有关部门根据相关资料对园林绿化工程施工成本收支进行审计和确认，最终确定园林绿化工程施工成本的总收入、总支出、总盈亏情况以及园林绿化工程施工最终兑现总额和兑现补差。园林绿化工程成本审计的内容和程序一般包括如下几方面：

（1）确定园林绿化工程施工成本总收入。

园林绿化工程竣工后，立即组织有关人员与业主进行工程竣工结算，确定园林绿化工程造价。当工程造价确定后，由企业经营部门按照公司相关文件和项目责任合同所确定的项目责任成本总收入的计算方法和计算口径，在项目责任合同、项目成本责任总额、园林绿化工程施工过程中的各项签证和公司与项目的相关调整文件或签证，划分和计算项目成本总收入。在确定项目成本总收入的基础上，计算项目已报收入和竣工后可补报收入或应调整额度。

（2）清理债权债务。

园林绿化工程竣工后，原则上园林绿化工程应将各项要素包括所有人员，除留有结算人员和项目其他人员外，应尽早退出现场，项目宣布解散，也就是说项目在与公司结算时要做到工完、场净、人退、账清。其中留下人员主要做下面几项工作：① 落实内部横向之间债务，及时办理内部租赁机械设备和租赁两大工具的总的租赁额、已签租费和项目已估成本；② 落实项目内部劳务结算额。项目要及时办理内部劳务分包额、已签费用和项目已估成本。

（3）确定园林绿化工程施工成本总支出。

在园林绿化工程项目全面实现工程竣工和清理完债权债务后，最后一次调整成本支出，落实园林绿化工程成本总支出，为项目开展内部兑现或公司与项目兑现提供真实、准确的数据。

（4）确定园林绿化工程施工成本盈亏额。

在公司与园林绿化工程施工落实项目成本收入和成本支出的基础上，公司要及时落实成本的盈亏。公司与园林绿化工程之间共同签订成本收、支、盈亏确认表，表中内容应具备园林绿化工程施工成本责任总额、工程调整与签证、园林绿化工程竣工成本总收入、园林绿化工程成本总支出和相应的园林绿化工程项目成本盈亏额等数据，相应人员的签字确认。

2. 施工相关指标审计

园林绿化工程施工相关指标审计是指根据园林绿化工程施工责任成本合同所确定的考核

内容和考核标准与其完成情况进行审计。它一般包括质量指标审计、工期指标审计、安全文明施工审计。这些指标一般依合同中确立的标准和内容开展审计。

（1）质量指标审计。

根据园林绿化工程施工责任成本合同中确定的内容，按照当地质量主管部门的质量验收所确认的指标，由公司工程质量主管人员及时签字确认。

（2）工期指标审计。

根据园林绿化工程施工责任成本合同中确定的内容，按照业主和相关部门所确认的工期，由公司工程部门相关人员及时签字确认。

（3）安全文明施工审计。

根据园林绿化工程施工责任成本合同中确定的内容，按照业主和相关部门所确认的指标，由公司工程部门相关人员及时签字确认。

（4）其他需要审计的内容。

包括园林绿化工程施工成本责任合同中所认定的需要审计的内容，如 CI 标准审计、保安工作审计等。

4.7.3.3 施工成本审计的对象

（1）园林绿化工程项目部的会计资料、统计核算资料和其他业务核算资料。经济核算是一个完整的体系，它由会计核算、统计核算和其他业务核算共同组成，三种核算是相互联系、相互补充、相互配合完成的。

（2）园林绿化工程项目部内部控制和经营管理制度。工程项目部管理制度完善与否，不仅影响各项经济活动的开展、经营目标的实现、财务收支活动的正常进行和经济效益的好坏，也影响会计资料的真实性和正确性。因此，在审计中，应对项目部各项内部控制制度进行认真测试和评价，检查内部控制制度的贯彻和执行情况，对其缺陷和失控提出改进意见。

（3）园林绿化工程项目部的内部业务经营活动。审计应以园林绿化工程施工的整个活动过程和结果作为审计对象，审查项目部经营活动的合理性、合法性和有效性，经济决策的可行性，计划、预算、合同的可靠性，定额资料的准确性以及提高劳动生产率和增产节约的具体措施，促使其提高经济效益。

4.7.3.4 施工成本审计的范围

园林绿化工程施工成本审计的范围主要从审计对象和审计工作范围的角度来考虑，大致包括以下内容，见表 4-18。

园林绿化工程施工成本审计的范围　　　　　　　　　　表 4-18

序号	审计范围	审计内容
1	从审计对象考虑：审计的范围是经济活动中的会计资料	（1）园林绿化工程承发包合同、劳务合同等经济合同； （2）全套施工图纸、设计变更图纸、设计变更签证单； （3）施工进度图表； （4）主要材料分析表、调价部分材料消耗计算表、主要材料耗用明细表； （5）成本费用支出明细； （6）园林工程项目部自行采购材料的原始凭证； （7）需要上级主管部门批准方可执行事项的批示文件； （8）内部控制制度的文件； （9）其他会计资料

序号	审 计 范 围	审 计 内 容
2	从审计工作范围考虑：对项目的内部控制系统的适当性、有效性以及对履行职责的工作质量作出评价	（1）检查财务和业务信息的可靠性和完整性，确定、核实、衡量、分类和报告这些信息的方法是否恰当； （2）检查保护资产的方法，核实资产是否真实存在，保证资产不受损失； （3）检查遵守政策、计划、程序、法律和条例的情况； （4）检查和评价各种资源的经济有效使用情况； （5）检查业务经营和规划中既定目标及其实现情况，评价各项任务的完成质量； （6）企业管理部门所要求的其他审计事项

4.7.3.5　施工成本审计的步骤

园林绿化工程施工成本审计的程序与步骤见图 4-10。

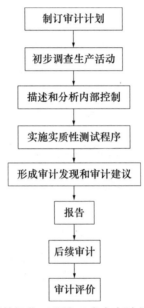

图 4-10　园林绿化工程施工成本审计的程序与步骤

1. 制订审计计划

（1）初步确定审计目标和审计范围。通常内部审计的目标是协助组织的领导成员有效地履行他们的职责。具体到园林绿化工程项目部审计，其目标就是要协助施工企业的领导有效地对园林工程项目部加以管理，监督其生产行为。

（2）研究背景信息。在开始执行审计前，审计人员应尽可能地熟悉被审项目部所涉及的施工生产活动的相关资料，以便为初步调查做好准备。这一准备工作不仅有助于审计人员估计经营活动中可能发生的需加以关注的特别或例外事项，也有助于他们熟悉被审项目部的政策制度和控制程序。

（3）成立审计小组。审计小组的具体组成依审计项目的规模和性质而定。有的小型项目可能只有一名审计人员，所有的审计工作只能由其独自完成；而有的大规模的审计项目需要成立审计小组。

（4）初步联系被审项目部及其他有关当事人。在开展审计之前，审计人员应向被审项目部下达审计通知，并与之就有关的审计事项进行交流。通过交流，审计人员可以向被审项目部提出需要配合的事项（例如要求被审项目部提供必要的文件、记录、设施、物资等），使被审项目部有足够的时间做好准备。

（5）制定初步审计方案。审计工作需要进行周密的计划安排。审计方案包含以下内容：审计目标、审计范围、审计过程中必须特别加以关注的事项、审计程序、拟收集的审计证据、审计人员分工及审计时间安排。

（6）计划审计报告。审计报告是向项目部的上级有关部门反映审计结果的文件。计划审计报告在审计过程的准备阶段进行，内部审计人员在审计的初期就要考虑审计报告如何编制，何时报送以及向谁报送。

（7）取得对审计方案的批准。审计工作开始之前，要由内审部门的领导对审计方案进行复核和批准。审计方案的复核包括对审计程序、审计目标和审计范围的复核。这种全面、综合的复核有助于保证审计程序有效地支持审计目标和审计范围。

2. 初步调查

初步调查的目的是取得对被审项目部的初步了解，为进一步完善审计方案提供依据，并取得被审者的合作。初步调查通常包括四个内容：实地观察、研究资料、书面描述、分析审计程序。

（1）实地观察。对于园林绿化工程项目部审计来说，实地观察十分重要。通过到施工现场的观察，可以对项目部管理活动的工作流程、实物资产以及施工队伍的施工情况取得一个基本的了解。

（2）研究资料。审计人员需要研究的资料在前面已作了介绍。在这一阶段，审计人员的主要任务是确定这些文件是否存在、如何组织、是否有序存放以及是否妥善保管等。

（3）书面描述。对被审项目部情况的书面描述是永久性审计档案的组成部分，它有助于审计人员了解被审项目部，并可作为审计人员评价内部控制系统和制订审计程序的基础。

（4）分析审计程序。对项目部实际数与预算数的比较以及多期数据的趋势分析，可以帮助审计人员更好地理解项目部的情况，有助于审计人员计划适当的审计程序。通过比较和分析所发现的异常情况能引起审计人员的关注，从而有针对性地采用更详细的审计程序来审查。

3. 实质性测试程序

实质性测试程序包括审查记录和文件、与被审计项目部管理部门和其他职工进行面谈、实地观察园林绿化工程施工管理活动、检查资产、将实际和记录进行比较以及使审计人员充分详细了解组织控制系统的实施程序。实质性测试程序既可按会计报表项目，也可按业务循环组织实施。

4. 审计发现和审计建议

审计发现应包括审计人员所发现的问题和评价这些问题的标准。对于实际和评判标准的差异所造成的影响（风险）以及差异产生的原因，审计建议通常包括无需改变现行的控制系统和修改或补充现行的控制系统。

内部审计与独立审计在这方面有所不同。对于独立审计来讲，注册会计师应当根据审计结论出具无保留意见、保留意见、否定意见或拒绝表示意见的审计报告；作为内部审计，审计人员对园林绿化工程项目部出具不同类型的审计建议，就其对总体风险的影响来讲，有时区别不大，因此审计人员很难作出选择。事实上，如果真的难以择优选取审计建议，审计人员可指出各种不同的审计建议及其风险，这样能使审计报告的使用者理解审计人员作出该审计结论的根据。

5. 报告

在报告阶段所要完成的工作包括编写和报送审计报告。许多审计人员认为审计报告是审计工作的"产品"，审计过程的目的就是生产这种"产品"。审计报告要说明审计目标、审计范围、总体审计程序、审计发现和审计建议。书面的审计报告要由审计人员签字，一般情况下报送给高级管理层和被审计项目部管理部门。审计报告也有另一种形式，即个人陈述。个人陈述是在结束审计会议中进行的，在这个会议上，审计人员和被审计项目部的管理层就审计中发现的重大问题展开讨论。

6. 后续审计

报送审计报告、向被审计项目部陈述审计结果以及被审计项目部提出反馈意见等这一系列工作完成以后，审计过程似乎就结束了，然而事实并非如此，还要进行后续审计。后续审计采取以下三种方式：

（1）高级管理层与被审计项目部进行协商，决定是否、何时、怎样按照审计人员的建议采取纠正行动；

（2）被审计项目部按照决定采取行动；

（3）在报送审计报告后，经过一段合理的时间，内审人员对被审计项目部进行复查，看其是否采取了合适的纠正行动并取得了理想的效果；如果不采取纠正行动，是否是高级管理层和董事会的责任。

无论采用哪种形式，后续审计是必不可少的。缺乏后续的审计工作，会损害内部审计人员的忠诚度和职业形象，最终使他们在企业中失去存在的价值。

7. 审计评价

一项审计业务的最后一步工作，是由审计人员对自身的工作进行评价。在此步骤中，主要在以后的审计工作中考虑一系列应关注的事项，包括本次审计的有效性如何，应怎样做才能达到更理想的效果，本次审计对未来的审计有何指导意义等。

参 考 文 献

［1］黄聪普，白秀华．建设工程招投标与合同管理［M］．重庆：重庆大学出版社，2019.

［2］谷学良．建设工程招投标与合同管理［M］．重庆：重庆大学出版社，2019.

［3］刘宇，等．建设工程招投标与合同管理［M］．北京：北京理工大学出版社，2018.

［4］刘黎虹，等．建设工程招投标与合同管理［M］．重庆：化学工业出版社，2018.

［5］陈勰．建筑工程串通招投标行为的法律规制［D］．广西大学，2015.

［6］褚瑞华．建设工程招投标与合同管理［D］．浙江大学，2020.

［7］吴戈军．园林工程招投标与合同管理［M］．北京：化学工业出版社，2019.

［8］中华人民共和国合同法：实用版［M］．北京：中国法制出版社，2017.

［9］陈津生．建设工程保险实务与风险管理［M］．北京：中国建材工业出版社，2008.

［10］于香梅．建筑工程定额与预算［M］．北京：清华大学出版社，2016.

［11］廖伟平，孔令伟．园林工程招投标与概预算［M］．重庆：重庆大学出版社，2013.

［12］黄凯．园林工程招投标与概预算（第2版）［M］．重庆：重庆大学出版社，2016.

［13］陈楠．园林绿化工程工程量清单计价细节解析与实例详解［M］．武汉：华中科技大学出版社，2014.

［14］缪长江．建设工程施工成本管理［M］．北京：中国建筑工业出版社，2014.

［15］宁平．园林工程施工成本管理从入门到精通［M］．北京：化学工业出版社，2017.

［16］谢华宁．建设工程合同［M］．北京：中国经济出版社，2017.

［17］赵书义，王强．建设工程项目施工成本管理［M］．北京：中国电力出版社，2012.

［18］胡六星，梁列芬．施工项目成本管理［M］．北京：机械工业工业出版社，2013.

［19］刘义平．园林工程施工组织管理［M］．北京：中国建筑工业出版社，2009.

［20］王宜森，刘殿华，刘雁丽．园林绿化工程管理［M］．南京：东南大学出版社，2019.

［21］中国风景园林学会．园林工程项目负责人培训教材［M］．北京：中国建筑工业出版社，2019.